BIM

BIM技术项目

实例教程：建筑部分
（Revit Architecture 2020）

主　编　刘　燕　吴姗姗

副主编　王　昊　彭　军　李荣健

　　　　许欢欢　刘　洋

主　审　郭双清　李红立

华中科技大学出版社
http://www.hustp.com
中国·武汉

内 容 简 介

BIM技术在工程建设行业的应用越来越广泛，建筑信息化的发展也得到了国家的高度重视，出台了一系列政策来大力推广BIM技术。在推动BIM技术发展的众多BIM软件中，以Revit系列软件最为流行，使用最广泛。

本书由浅入深地介绍了如何使用Autodesk Revit Architecture软件来进行建筑设计。其中，每一个项目都从一个实际案例开始，通过完成实际案例的设计来掌握相应的知识点和操作技能。项目6还通过完成一个完整的项目——一栋小别墅的完整设计，来教会初学者如何整合前面学习的各个部分的设计方法，同时也能促使初学者思考如何运用已经学习过的知识，达到融会贯通的目的。

为了方便教学，本书还配有电子课件等教学资源包。电子课件可以在"我们爱读书"网（www.ibook4us.com）浏览，任课教师还可以发邮件至husttujian@163.com索取。

本书适合于建筑工程师、结构工程师、施工管理人员、软件开发工程师、BIM的爱好者学习思考，可作为普通高等院校、高职高专院校相关课程的教学用书。

图书在版编目(CIP)数据

BIM技术项目实例教程.建筑部分:Revit Architecture 2020/刘燕，吴姗姗主编.—武汉:华中科技大学出版社，2020.8（2024.7重印）

ISBN 978-7-5680-6374-6

Ⅰ.①B… Ⅱ.①刘… ②吴… Ⅲ.①建筑设计-计算机辅助设计-应用软件-高等职业教育-教材 Ⅳ.①TU201.4

中国版本图书馆CIP数据核字(2020)第158998号

BIM技术项目实例教程：建筑部分（Revit Architecture 2020）
BIM Jishu Xiangmu Shili Jiaocheng:Jianzhu Bufen (Revit Architecture 2020)

刘　燕　吴姗姗　主编

策划编辑：康　序
责任编辑：康　序
封面设计：孢　子
责任监印：朱　玢

出版发行：华中科技大学出版社（中国·武汉）　　电话：(027)81321913
　　　　　武汉市东湖新技术开发区华工科技园　　邮编：430223

录　　排：武汉三月禾文化传播有限公司
印　　刷：武汉科源印刷设计有限公司
开　　本：889mm×1194mm　1/16
印　　张：14.5
字　　数：422千字
版　　次：2024年7月第1版第4次印刷
定　　价：58.00元

FOREWORD
前言

基于 BIM 技术的三维数字仿真模型,可以实现建筑工程的虚拟化设计、可视化决策、协同化建造、透明化管理,将极大地提升工程决策、规划、勘察、设计、施工和运营管理的水平,减少失误,缩短工期,提高工程质量和投资效益。推广 BIM 技术,将显著提高建筑产业信息化水平,促进绿色建筑发展,推进智慧城市建设,实现建筑业的转型升级。

随着 BIM 技术在工程建设行业的应用越来越广泛,建筑信息化的发展也得到了国家的高度认可,国家出台的一系列政策正在大力推广着 BIM 技术。在推动 BIM 技术发展的众多 BIM 软件中,以 Revit 软件最为流行,使用最为广泛。作者从 2013 年开始一直从事 BIM 技术的项目实践与教学工作,并于 2016 年出版了《Revit Architecture 项目实例教程》,该书获得了很多学校的认可。由于软件版本的更新和互联网技术的发展,作者重新整理并出版了这本书,后续我们将会把 BIM 技术系列教材的编写工作延续下去。

本书分为 7 个项目,项目 1 主要介绍 BIM 与 Revit 认知,项目 2 主要介绍标高与轴网的创建,项目 3 主要介绍墙体的创建,项目 4 主要介绍门、窗的创建,项目 5 主要介绍楼板、屋顶和天花板的创建,项目 6 为建筑模型创建过程的详解,项目 7 主要介绍深化图纸。本书在前 5 个项目中结合目前 BIM 技能等级考试考题进行了专题讲解,由浅入深,课后习题配合在线教程可以加强理解和应用;项目 6 和项目 7 以实际工程项目为载体,详细讲解了建筑模型创建的过程,便于读者将前面零散的项目串联起来,加强了学习的系统性。

本书适合于建筑行业的建筑工程师、结构工程师、施工管理人员、软件开发工程师、BIM 的爱好者学习思考,可作为高等院校相关课程的教学用书。本书为读者提供了大量案例,有助于综合性运用 Revit 软件。

本书由重庆工程职业技术学院、筑智建科技(重庆)有限公司及相关兄弟院校的行业专家参与编写,由刘燕统稿、定稿并主持编写工作。参与本书编写的教师有重庆工程职业技术学院刘燕、王昊、彭军、李荣健,重庆公共运输职业学院吴姗姗,重庆能源职业学院许欢欢,广西理工职业技术学院刘洋。筑智建科技(重庆)有限公司郭双清和重庆工程职业技术学院李红立主审。本书项目 1 由吴姗姗和李荣健编写,项目 2 由吴姗姗、许欢欢、刘洋编写,项目 3 和项目 5 由王昊编写,项目 4 和项目 7 由彭军编写,项目 6 由刘燕编写。

书中所有案例都配套有模型二维码和网站链接,还配有电子课件、案例视频教学讲解等教学资源包。电子课件可以在"我们爱读书"网(www.ibook4us.com)浏览,任课教师可以发邮件至 husttujian@163.com 索取。

限于编者的学识,书中难免存在错误之处,请读者不吝指正。

编　者
2020 年 6 月

CONTENTS

目录

BIM与Revit简介

单元 1 BIM 简介

一、BIM 的概念

1975 年,美国佐治亚理工学院(Georgia Institute of Technology)建筑与计算机专业的查克·伊斯曼博士提出了 BIM 的概念,他认为应将整个建筑项目中的全部几何模型信息和功能要求及构建性能等一起组成一个建筑信息模型。将一个工程项目中包含的建造工程、施工进度以及维护管理等在内的整个生命周期内相关的全部信息集中到一个独立的建筑模型中。中华人民共和国住房和城乡建设部的工程质量安全监管司对 BIM 的定义为:BIM 技术是一种对工程设计、建造以及管理过程中的营业数据信息化的工具,该技术将项目中所有的数据信息存储到参数模型中,从项目的开始到建筑消失的全生命周期过程中,利用 BIM 技术可以使整个项目的数据信息实现交换与共用。

BIM 的英文全称为 Building Information Modeling,翻译成中文的意思是建筑信息模型,它是以三维数字技术为基础,集成了建筑工程项目中各种相关信息的工程数据模型,可以为设计和施工提供相互协调的、内部保持一致的并且可进行运算的信息。简单来说,BIM 是通过计算机建立三维模型,并在模型中存储了设计师需要的所有信息,如平面、立面和剖面图纸,统计表格,文字说明和工程清单等,并且这些信息全部根据模型自动生成,并与模型实时关联。

二、BIM 的特点

BIM 技术是一种全新的建筑制图软件,也是一个三维的建筑设计工具,最重要的一点,它可以改变人们传统的思想和观念,给人们植入一种全新的理念,BIM 技术改善了以往平面作图所带来的缺陷,它采用的三维表示方法,向人们展示了建筑中各个细节的衔接情况,能够让人们更加清楚地看到建筑的效果模型,用三维数字技术提升建筑工程建设各个细节的质量和效率。它集成了整个建筑项目中各个部门的数据信息,从而构成了数据模型。这个数据模型可以完整准确地提供整个建筑工程项目的信息。BIM 技术的特点主要有以下 5 个方面。

1. 信息的集成性和联动性

BIM 技术通过三维数字化制图工具,并集成所有相关数据构建起来的立体模型。BIM 技术并不只是提供简单几何对象的绘图工具,在操作应用上不需要编辑点、线、面等简单的元素,它所构建的都是整个建筑的门窗、悬梁、柱子、墙壁等对象之间的关系,在遇到调整需要修改时,也只需对调整的构建进行修改就可以实现对整个建筑的修改。

BIM 技术还有一个特别的地方就是所有的建筑工程项目信息、数据都存放在一个数据库中,它是类似于 U 盘的存储器,不会受到不同软件、不同格式的限制。虽然不受限制,但是其自身构建的数据也是有分类的,主要分为基本数据和附属数据两类。其中,基本数据包括几何、物理、构造这三种数据。几何数据主要指的是相关的几何尺寸,如门窗的尺寸、所在位置的坐标等;物理数据就是其自身的性能,包括材料的密度,传导系数等;构造数据是指材料的材质，功能的需求等。而附属数据主要包括经济数据、技术数据、其他数据等。其中，经济数据包括一些材料的费用、构件的费用等；技术数据主要包含的是技术标准、规范标准；其他数据包括的范围较广，如采购材料的时间，联系的厂商等。

BIM技术的模型结构是一个综合的复杂的数据结构，包括数据模型和行为模型两种。其中，数据模型就如其字面上意思一样，包含数据的集合图形等；行为模型是体现管理行为与图元间关系的模型。这两种模型共同构成了三维模型，给人们一个模拟真实世界的三维模型。

2. 协调性和一致性

BIM技术的软件系统是一个建立在数据基础上的三维立体模型，当一个三维立体模型建立后，各个工程项目之间的联系也就建立了起来，从而可以实现多种信息和数据格式的传送，实现共享信息的目的。通过这种方式，工程项目的负责人就不用担心由于时间或者空间的差异而产生的不必要的误差问题，工作人员就可以更加安心地完成自己的任务，保持整个建筑工程项目可以同步进行，从而提升效率。

3. 实现参数化的设计

所谓"参数化"是指模型之间、所有图元之间的联系，这些联系既可以手动设置，也可以通过系统来自动创建。参数化的存在可以给BIM技术提供最基本的工作平台，有了这样一个平台，项目中一些需要修改的地方就可以及时方便地进行修改，而且那些修改的地方也能够在建筑的项目数据库中体现出来。

4. 遵守统一的标准，实现信息共享

BIM技术所采用的数据格式都是遵守国际标准的，因此所有使用BIM技术的软件都会支持国际的标准格式IFC，当工程数据采用IFC格式时，所有支持国际标准的BIM软件都可以对此进行解读，这样就可以更加方便的来处理软件间模型的交互问题。例如，Revit Structure软件可以对Revit Architecture中的信息数据加以处理，因为他们支持的格式都是IFC。

5. 各个参与方协同合作

建筑工程项目是一个非常复杂的经营行为，具有消耗时间长、参与人员多、涉及的学科广等特点。因此，保证建筑信息可以实时的交换与共享是建筑项目的一项重要工作。而常用的建筑软件功能涵盖的并不全面，只能满足建筑生命周期中的某一生命阶段或者某一专业的要求。例如，建筑制图用的CAD软件、3ds Max软件、天正等都不能涵盖建筑的整个生命周期。而一个建筑所需要表达的内容，也不仅仅是通过操作一个软件就可以实现的，是由多个软件一起辅助完成的。不同的软件应用有可能会造成某一部分建筑信息材料的丢失，或者两个阶段的信息资料无法衔接等情况的发生。发生这些情况的原因是信息的共享是通过人工操作来完成的，由人工操作来完成软件的衔接及信息交换难免会出现问题，远没有使用软件来实现的效率高、质量好。

为了确保信息的交流与共享不出现差错，需要制定统一的信息标准。只有有了统一的信息标准，才能保证工作顺利且高质量地完成。BIM技术的出现，很好地解决了这些问题。

三、BIM的价值优势　▼

对于不同类型的建筑，其建造过程可能完全不同，但是它们都有一个相同的流程。这个流程包括六个阶段，分别为前期的项目可行性研究、初步设计、验收施工成果、投入使用、管理和维护，以及销毁等。这六个阶段是所有建筑都必须经历的阶段，不同的阶段，参与的人员可能会不同，参与的活动也可能不同，但是它们之间仍然有着千丝万缕的联系，也正是因为这种联系的存在，才能够确保工程项目的顺利实施。

建筑的数据信息是整个建筑项目的核心部分，能否达到设计的目标就看整个建筑工程项目的一些细节部分是否准确，这是重要的审核依据。当然，每个阶段的建筑信息也会根据工程阶段的变化而变化。

六个阶段中最先开始的就是可行性研究阶段。可行性研究阶段是初级阶段，主要是一些现有的设施和以往经验的汇总，并在此基础上分析整个市场的环境现状、材料的销售状况、现场的设备情况、人员的录入情况、资金的估算与筹备等，然后根据这些情况拟定一个可行的研究方案，同时也要给出一些经济方面和技术方面的可行性建议，一些现有的设备和经验也可以作为现有建筑数据信息的可行性参考。但是，很少有设计师愿意回顾设备的使用情况，也没有将其做成一个完整的数据库来记录设备的信息以便及时反馈情况。

建筑设计阶段是一个至关重要的阶段，在这个阶段中可以决定整个建筑实施的方案，确定整个建筑项目信

息的构建情况。设计阶段是建立在可行性研究阶段的基础上的,正是有了第一个阶段的信息收集,才有了第二个阶段的成果。建筑设计阶段的成果主要包括设计图纸及说明、所需材料的清单、合同等各种材料。只有这些相关材料和设计图纸齐全,才能保证整个工程的顺利开始。在此阶段,参与相关工作的人员较多,由于他们所关注的角度是不同的,所以在某些意见上会存在一些分歧,这时就凸显沟通交流的重要性。由于这个阶段是一个新建工程的施工准备阶段,所以需要的文件材料比较多,所产生的信息繁多且复杂,这个时候就需要有专人来处理,从而传达正确的信息。因为建筑设计的全过程是一个需要不断改进,不断完善的过程,很多的地方都需要随时修改。所以,就需要设计团队的成员之间经常进行交流。同时设计师与材料的供应商之间的交流也是非常有必要的,通过他们及时的沟通协调,可以减少一部分不必要的开支。同样,设计师与开发商的联系与交流更是必不可少的。但是迄今为止,在设计图纸与建立档案的过程中还是会存在着一些矛盾。

建筑施工开始后,通过招投标确定的施工单位会得到大量的信息。这些都是从建筑设计阶段整理出来的。随着工程的开工建设,建筑信息也会随着新阶段的开始而增加。应明确不同的施工细节,选定材料及辅助设施,并且在设计阶段没有考虑到的一些施工问题,都需要及时地予以解决,这样才能保证工程的顺利进行。设计阶段提供的信息是否安全合理是施工能否高效进行的关键,在建筑设计的过程中,施工图设计时遗留的问题会在施工时变得更加明显。合同的矛盾、变化的订单,以及到了最后导致业主不认同预算超标等问题会越来越难以解决。

一栋建筑一旦竣工,就需要交付客户进行使用。在建筑的运营与维护阶段,需要特别注意人们的正常活动和建筑的正常运营之间的问题。一栋较为复杂的建筑,其操作与维护工作也会较为复杂。因此,完成该阶段的工作就需要一个完备的实施管理系统。在这个系统中,由建筑各项数据组成的数据库是该系统的核心部分,只有了解整个建筑的空间结构、形体构造,以及楼梯管道的位置,才能编制出相对完整的数据库。

最后,如果建筑到了一定的年限或者遇到一些突发的状况需要拆除时,该建筑就会被列入拆除计划,进入建筑全生命周期的最后阶段。在这个阶段内,最重要的信息依然是整个建筑的结构信息和建筑材料信息,只有充分了解了结构信息,才能够让相关专业人员制定正确的拆除方案,材料信息则可以帮助拆除人员在拆除前了解可能会发生的有毒污染以及有毒材料的情况。

建筑信息模型(BIM)是一个全新的设计方法,它包含的资料众多,包括整个建筑的施工过程、施工方法、管理方法,还有整个阶段的规划、建造过程、运营情况、发生的问题等全部的数据信息资料。这些资料全部保存在一个3D模型中,只要整个建筑还在运行,则该模型中的数据就都可供相关人员使用,这个3D模型可以帮助有关部门制定正确的决策和方案,提高工作效率。对所有的工作人员来说,理想的建筑信息模型应该包含全部的信息条件,包括从市政府、国土资源局等相关的勘察部门那里已有的GIS模型中所获得的地理环境情况;从建筑师、设计师那里所获得的建筑的设计图纸、体量形态信息;从结构工程师那里获得的建筑内部结构、各个部位的受力情况;从暖通工程师那里获得的暖气管、排气管等位置坐标等信息。所有与此建筑有关的信息都包含在这个3D数据模型之中,无论今后哪一方面遇到了问题都可以在数据库中找到相关的资料。

BIM的优势有很多,包括可视化操作、易协调模拟、优化出图流程、协调能力等。其主要特点如下。

1. 利用数据库代替传统的绘图,使设计从二维向三维转化

传统的CAD设计是在二维的平台上进行绘图分析,是利用平面图、立面图、剖面图、建筑详图、说明、材料等设计文档来交换信息的。这种工作模式经常会在图纸的传递过程中产生一些问题,如各专业间在空间布置上的冲突会经常发生。而且随着建筑造型与建筑空间的设计越来越复杂,传统的CAD二维设计在表达和协同工作方面已经无法满足需要了。

CAD这种二维的设计方式会产生大量的设计图纸,一个工程至少有几百张图纸。这些图纸之间相互联系性较差,每一张图纸都较为独立,使得每一个项目都无法完整保留工程项目全部的数据信息,从而每一阶段的资料只能是该专业的团队才能进行处理,这样导致项目在协调沟通方面存在缺陷。所以,如何使建筑设计与其他相关专业实现协同合作,使设计过程中的沟通协调更方便快捷,是建筑业面临的一个难题,并且目前的建设项目在协调及整合方面有着很高的要求,所以传统的二维设计模式已经无法适应。

将相对独立的图纸改变为整体的数字化信息存储到统一的数据库中,就可以适应当下的设计趋势了。建筑信息模型就是将建筑项目中各个环节所有的数据信息存储起来的中央数据库,与该项目相关的所有数据信息都存储在这个数据库中,这样一个数据库为项目参与各方的交流与协作提供了便利,使项目在整合与协作方面得以提升。

BIM 具有动态可视化设计的功能，与 3D 设计一样，它也是三维的操作环境，可以提供三维的实体形象供人们设计研究。例如，建筑设备中水、暖专业的设备布线、管道布置等情况均可以用通过三维直观的形象来确认其合理性，使建筑空间得到更好的处理，防止不同专业管线冲突的情况发生，使不同专业间的配合和协调能力得以增强。同时，可以快速准确地发现并解决问题，使不同专业间在图纸传递过程中出现的问题显著减少。

2．分布式模型

只通过单个的 BIM 软件来完成项目中复杂的工作是很困难的，需要不同类型的 BIM 软件协同工作才行。当下，BIM 软件的类型主要分为创作与分析两种类型。将这两种类型的 BIM 软件结合来使用是目前 BIM 用户较为常用的方法，也即"分布式"方法。这种方法需要设计或施工单位提供较为独立的模型来完成。这些模型包括以下几种。

（1）设计模型——涵盖建筑、结构、给排水、暖通、电气以及土木等一些基础设施。

（2）施工模型——按照设计模型的内容需要设计合理的施工步骤。

（3）施工进度（四维）模型——把工程中划分的每一阶段与每一阶段的项目要素统一处理。

（4）成本（五维）模型——将工程项目的成本与设计模型与施工模型联系起来。

（5）制作模型——其作用与传统的图纸相同，是作为表达的工具。

（6）操作模型——可以为业主模拟运营。

前文提到的 BIM 数据库，其实就是指这些模型。这些模型可以看成一个整体，将建筑工程相关的所有数据信息储存到模型中，然后再利用模型检测、进度安排、概算、人流量控制等功能的分析工具加以处理，方便了设计人员协同设计、节约成本、施工组织等方面的工作。

四、BIM 系列软件分析 ▼

BIM 并不是指的一种软件，也不是指的一类软件，应充分发挥 BIM 的价值为项目创造效益，常用的 BIM 软件数量有十几种。下面对国内市场上使用的 BIM 软件进行梳理和分类。

1．BIM 核心建模软件

常用的 BIM 核心建模软件如图 1-1 所示。

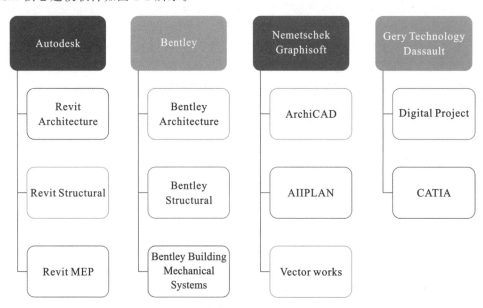

图 1-1　常用的 BIM 核心建模软件

其主要特点如下。

（1）Autodesk 公司的 Revit 建筑、结构和机电系列，在民用建筑市场借助 AutoCAD 的天然优势，有相当不错的市场表现。

（2）Bentley 建筑、结构和设备系列，在工厂设计（如石油、化工、电力、医药等）和基础设施（如道路、桥梁、市政、水利等）领域有着不可争辩的优势。

（3）ArchiCAD 是一个面向全球市场的产品，应该可以说是最早的一个具有市场影响力的 BIM 核心建模软件，但是在中国由于其专业配套的功能（仅限于建筑专业）与多专业一体的设计院体制不匹配，故很难实现业务突破。

（4）Dassault 公司的 CATIA 是全球最高端的机械设计制造软件，在航空、航天、汽车等领域具有接近垄断的市场地位，应用到工程建设行业无论是对复杂形体还是超大规模建筑等，其建模能力、表现能力和信息管理能力都比传统的建筑类软件有明显的优势，而与工程建设行业的项目特点和人员特点的对接问题则是其不足之处。

因此，对一个项目或企业的 BIM 核心建模软件技术路线的确定，可以考虑如下基本原则。

（1）民用建筑可选择 Autodesk Revit。

（2）工厂设计和基础设施可选择 Bentley。

（3）单专业建筑事务所选择 ArchiCAD、Revit、Bentley 都可以。

（4）项目完全异性、预算比较充裕的可以选择 Digital Project 或 CATIA。

2. BIM 方案设计软件

BIM 方案设计软件用于设计初期，其主要功能是把业主设计任务书基于数字的项目要求转化成基于几何形体的建筑方案。此方案用于业主和设计师之间的沟通和方案研究论证。BIM 方案设计软件可以帮助设计师验证设计方案和业主设计任务书中的项目要求是否相匹配。BIM 方案设计软件的成果可以转换到 BIM 核心建模软件中进行设计深化，并继续验证满足业主要求的情况。目前主要的 BIM 方案设计软件有 Onuma Planning System 和 Affinity 等。

3. 与 BIM 接口的几何造型软件

设计初期阶段的形体、体量研究或者遇到复杂建筑造型的情况，使用几何造型软件会比直接使用 BIM 核心建模软件更方便、效率更高，甚至可以实现 BIM 核心建模软件无法实现的功能。几何造型软件的成果可以作为 BIM 核心建模软件的输入。目前常用的几何造型软件有 Sketchup、Rhino 和 Form Z 等。

4. BIM 可持续（绿色）分析软件

可持续或者绿色分析软件可以使用 BIM 模型的信息对项目进行日照、风环境、热工、景观可视度、噪音等方面的分析，常用的软件有国外的 Echotect、IES、Green Building Studio 以及国内的 PKPM 等。

5. BIM 机电分析软件

水暖电等设备和电气分析软件，国内的产品有鸿业、博超等，国外的产品有 Designmaster、IES Virtual Environment、Trane Trace 等。

6. BIM 结构分析软件

结构分析软件是目前和 BIM 核心建模软件集成度比较高的产品，二者之间基本可以实现双向信息交换，即结构分析软件可以使用 BIM 核心建模软件的信息进行结构分析，分析结果对结果的调整又可以反馈到 BIM 核心建模软件中去，自动更新 BIM 模型。ETABS、STAAD、Robot 等国外软件以及 PKPM 等国内软件都可以与 BIM 核心建模软件配合使用。

7. BIM 可视化软件

有了 BIM 模型以后，对于可视化软件的使用来说有如下好处。

（1）减少了可视化模型的工作量。

（2）提高模型的精度和设计（实物）的吻合度。

（3）可以在项目的不同阶段以及各种变化情况下快速产生可视化效果。常用的可视化软件包括 3ds Max、Artlantis、AccuRender 和 Lightscape 等。

8. BIM 模型检查软件

BIM 模型检查软件既可以用来检查模型本身的质量和完整性，如空间之间有没有重叠，空间有没有被适当的构件围闭，构件之间有没有冲突等；也可以用来检查设计是否符合业主的要求，是否符合规范的要求等。目前具有市场影响的 BIM 模型检查软件是 Solibri Model Checker。

9. BIM 深化设计软件

Xsteel 是目前最有影响的基于 BIM 技术的钢结构深化设计软件。该软件可以使用 BIM 核心建模软件的数据，对钢结构进行面向加工、安装的详细设计，生成钢结构施工图（包括加工图、深化图、详图等）、材料表、数控机床加工代码等。

10. BIM 模型综合碰撞检查软件

下面两个原因导致了模型综合碰撞检查软件的出现。

（1）不同专业人员使用各自的 BIM 核心建模软件建立自己专业相关的 BIM 模型。这些模型需要在同一个环境中集成起来才能完成整个项目的设计、分析、模拟，而这些不同的 BIM 核心建模软件无法实现这一点。

（2）对于大型项目来说，硬件条件的限制使得 BIM 核心建模软件无法在一个文件中操作整个项目模型，但是又必须把这些分开创建的局部模型整合在一起研究整个项目的设计、施工及其运营状态。

模型综合碰撞检查软件的基本功能包括集成各种三维软件（包括 BIM 软件、三维工厂设计软件、三维机械设计软件等）创建的模型，进行 3D 协调、4D 计划、可视化、动态模拟等，属于项目评估、审核软件的一种。常见的模型综合碰撞检查软件有 Autodesk Navisworks、Bentley ProjectWise Navigator 和 Solibri Model Checker 等。

11. BIM 造价管理软件

造价管理软件利用 BIM 模型提供的信息进行工程量统计和造价分析，由于 BIM 模型结构化数据的支持，基于 BIM 技术的造价管理软件可以根据工程施工计划动态提供造价管理需要的数据，这就是 BIM 技术的 5D 应用。国外的 BIM 造价管理软件有 Innovaya 和 Solibri，国内的 BIM 造价管理软件的代表有鲁班、广联达、斯维尔等。

12. BIM 运营管理软件

我们把 BIM 形象地比喻为建设项目的 DNA，根据美国国家 BIM 标准委员会的资料，一个建筑物生命周期 75% 的成本发生在运营阶段（使用阶段），而建设阶段（设计、施工）的成本只占项目生命周期成本的 25%。BIM 模型为建筑物的运营管理阶段服务是 BIM 应用的重要的推动力和工作目标，在这方面美国运营管理软件 ArchiBUS 是最有市场影响的软件之一。

13. BIM 发布审核软件

最常用的 BIM 成果发布审核软件包括 Autodesk Design Review、Adobe PDF 和 Adobe 3D PDF。正如这类软件本身的名称所描述的那样，发布审核软件把 BIM 的成果发布成静态的、轻型的、包含大部分智能信息的、不能编辑修改但可以标注审核意见的、更多人可以访问的格式如 DWF/PDF/3D PDF 等，供项目其他参与方进行审核或者利用。

单元2　Revit 简介

○ ○ ○

一、Revit 软件概述　▼

Revit 是专为建筑信息模型（BIM）而构建，是 Autodesk 用于建筑信息模型的平台。从概念性研究到最详细的施工图纸和明细表，基于 Revit 的应用程序可带来立竿见影的竞争优势、提供更好的协调和质量，并使建筑师和建筑团队的其他成员获得更高收益。

Revit 经历多年发展，功能日益完善，最新版本为 Revit 2015，自 Revit 2013 版开始 Autodesk 将 Autodesk Revit Architecture（建筑）、Autodesk Revit MEP（机电）和 Autodesk Revit Structure（结构）三者合为一个整体，用户只需一次安装就可以拥有建筑、机电、结构的建模环境，不用再像过去那样需要安装三个软件并在三个建模环境中反复转换，使用起来更加方便高效。

Revit（建筑）软件应用特点主要有以下几个方面。

（1）要建立三维设计和建筑信息模型的概念，创建的模型应具有现实意义。例如，创建墙体模型，它不仅有

高度的三维模型,而且具有构造层,有内外墙的差异,有材料特性、时间及阶段信息等。所以创建模型时,这些都需要根据项目应用的需要加以考虑。

(2)关联和关系的特性。平面、立面、剖面图纸与模型、明细表的实时关联,即具有一处修改,处处修改的特性;墙和门、窗的依附关系,墙能附着于屋顶楼板等主体的特性;栏杆能指定坡道楼梯为主体、尺寸、注释和对象的关联关系等。

(3)参数化设计的特点。类型参数、实例参数、共享参数等对构件的尺寸、材质、可见性、项目信息等属性的控制。不仅是建筑构件的参数化,而且可以通过设定约束条件实现标准化设计,如整栋建筑单位的参数化、工艺流程的参数化、标准厂房的参数化设计等。

(4)设置限制性条件,即约束。例如,设置构件与构件、构件与轴线的位置关系,设定调整变化时的相对位置变化的规律等。

(5)协同设计的工作模式。工作集(在同一个文件模型上协同)和链接文件管理(在不同文件模型上协同)。

(6)阶段的应用引入了时间的概念,实现四维的设计施工建造管理的相关应用。阶段设置可以和项目工程进度相关联。

(7)实时统计工程量的特性。可以根据阶段的不同按照工程进度的不同阶段分期统计工程量。

(8)参数化特征。参数化设计是 Revit 建筑设计的一个重要特征,其主要分为两个部分:参数化图元和参数化修改引擎。其中,在 Revit 建筑设计过程中的图元都是以构件的形式出现的,这些构件之间的不同是通过参数的调整反映出来的,参数保存了图元作为数字化建筑构件的所有信息。而参数化修改引擎提供的参数更改技术则可以使用户对建筑设计或文档部分进行的任何改动自动的在其他关联的部分反映出来。Revit 建筑设计工具采用智能建筑构件、视图和注释符号,使每一个构件都可以通过一个变更传播引擎互相关联,并且构件的移动、删除和尺寸的改动所引起的参数变化都会引起相关构件的参数产生关联的变化。任一视图下所发生的变更都能参数化、双向的传播到所有视图,以保证所有图纸的一致性,从而不必逐一对所有视图进行修改,提高了工作效率和工作质量。

二、Revit 软件的基本功能 ▼

Revit 软件能够帮助用户在项目设计流程前期探究新颖的设计概念和外观,并能在整个施工文档中真实传达设计理念。Revit 建筑设计领域面向 BIM 构建,支持可持续设计、冲突检测、施工规划和建造,同时还可以使用户与工程师、承包商与业主更好地沟通协作。其设计过程中的所有变更都会在相关设计与文档中自动更新,实现更加协调一致的流程,获得更加可靠的设计文档。Revit 建筑设计的基本功能包括以下几个方面。

1. 概念设计功能

Revit 的概念设计功能提供了自由形状建模和参数化设计工具,并且可以使用户在方案设计阶段及早对设计进行分析。

用户可以自由绘制草图,快速创建三维形状,交互式地处理各种形状;可以利用内置的工具构思并表现复杂的形状,准备用于预制和施工环节的模型。并且随着设计的推进,Revit 能够围绕各种形状自动构建参数化框架,提高用户的创意控制能力、精确性和灵活性。此外,从概念模型直至施工文档,所有设计工作都在同一个直观的环境中完成。

2. 建筑建模功能

Revit 的建筑建模功能可以帮助用户将概念形状转换成全功能建筑设计。用户可以选择并添加面,由此设计墙、屋顶、楼层和幕墙系统,并可以提取重要的建筑信息,包括每个楼层的总面积。此外,用户还可以将基于相关软件应用的概念性体量转化为 Revit 建筑设计中的体量对象,来进行方案设计。

3. 详图设计功能

Revit 附带丰富的详图库和详图设计工具,能够进行广泛的预分类,并且可轻松兼容 CSI 格式。用户可以根据公司的标准创建、共享和定制详图库。

4. 材料算量功能

利用材料算量功能计算详细的材料数量。材料算量功能非常适合用于计算可持续设计项目中的材料数量和估算成本,显著优化材料数量的跟踪流程。随着项目的推进,Revit 的参数化变更引擎将随时更新材料统计信息。

5. 冲突检查功能

用户可以使用冲突检查功能来扫描创建的建筑模型,查找构件间的冲突。

6. 设计可视化功能

Revit 的设计可视化功能可以创建并获得如照片般真实的建筑设计创意和周围环境效果图,使用户在实际动工前体验设计创意。Revit 中的渲染模块工具能够在短时间内生成高质量的渲染效果图,展示出令人震撼的设计作品。

三、Revit 基本术语 ▼

1. 项目

在 Revit 中,项目是单个设计信息数据库模型。项目文件包含建筑的所有设计信息(从几何图形到构造数据)。这些信息包括用于设计模型的构件、项目视图和设计图纸等。通过使用单个项目文件,用户可以轻松地修改设计,还可以使修改反映在所有的关联区域(如平面视图、立面视图、剖面视图、明细表等)中,故仅需跟踪一个文件,从而方便项目管理。

2. 图元

Revit 包含三种图元。项目和不同图元之间的关系如图1-2所示。

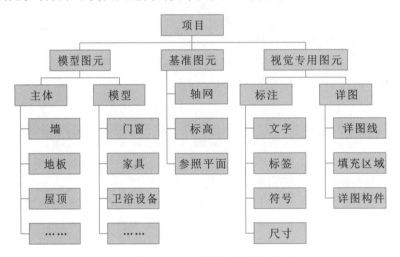

图 1-2　项目的基本组成

1）模型图元

模型图元代表建筑的实际三维几何图形,如墙、柱、楼板、门窗等。Revit 按照类别、族和类型对图元进行分级,三者的关系如图 1-3 所示。

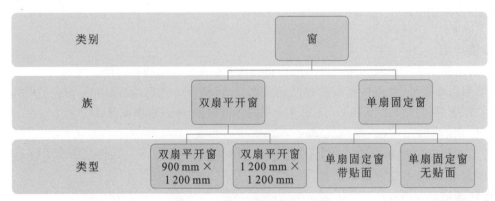

图 1-3　类别、族与类型的关系

2）视图专用图元

视图专用图元只显示在放置这些图元的视图中,对模型图元进行描述或归档,如尺寸标注、标记和二维详图等。

3）基准图元

基准图元用于协助定义项目范围,如轴网、标高和参照平面等。

（1）轴网:有限平面,可以在立面视图中拖曳其范围,使其不与标高线相交。轴网可以是直线,也可以是弧线。

（2）标高:无限水平平面,用于屋顶、楼板和天花板等以层为主体的图元的参照。大多用于定义建筑内的垂直高度或楼层。要放置标高,必须处于剖面或立面视图中。

（3）参照平面:精确定位、绘制轮廓线条等的重要辅助工具。参照平面对于族的创建非常重要,分为二维参照平面及三维参照平面,其中三维参照平面显示在概念设计环境中。在项目中,参照平面能出现在各楼层平面中,但在三维视图中不显示。

Revit 图元的最大特点就是参数化。参数化是 Revit 实现协调、修改和管理功能的基础,大大提高了设计的灵活性。Revit 中的图元可以由用户直接创建或者修改,无须进行编程。

3. 类别

类别是用于对设计进行建模或归档的一组图元。例如,模型图元的类别包括家具、门窗、卫浴设备等。注释图元的类别包括标记和文字注释等。

4. 族

族是组成项目的构件,同时是参数信息的载体。族根据参数(属性)集的共用、使用功能上的相同和图形表示内容的相似来对图元进行分组。一个族中不同图元的部分或全部属性可能有不同的值,但是属性的设置(其名称与含义)是相同的。例如,"餐桌"作为一个族可以有不同的尺寸和材质。

Revit 包含以下三种族。

（1）可载入族:使用族样板在项目外创建的.rfa 文件,可以载入项目中,具有高度可自定义的特征,因此可载入族是用户最经常创建和修改的族。

（2）系统族:已经在项目中预定义且只能在项目中进行创建和修改的族类型(如墙、楼板、天花板等)。它们不能作为外部文件载入或创建,但可以在项目和样板之间复制和粘贴,或者传递系统族类型。

（3）内建族:在当前项目中新建的族,它与之前介绍的"可载入族"的不同之处在于,"内建族"只能存储在当前的项目文件里,不能单独保存为.rfa 文件,也不能用在别的项目文件中。

5. 类型

族可以有多个类型。类型用于表示同一族的不同参数(属性)值。例如,某个窗族"双扇平开-带贴面.rfa"包含"900×1200 mm"、"1200×1200 mm"、"1800×900 mm"(宽×高)三种不同类型,如图 1-4 所示。

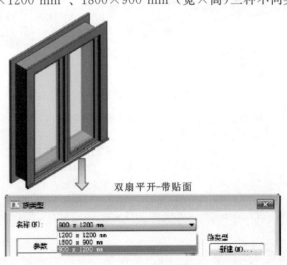

图 1-4　族类型

在这个族中,不同的类型对应窗的不同尺寸,如图1-5所示。

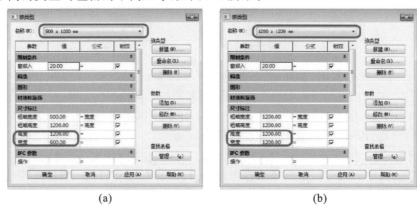

(a)　　　　　　　　　　(b)

图1-5　不同的族类型

6. 实例

放置在项目中的实际项(单个图元)。在建筑(模型实例)或图纸(注释实例)中都有特定的位置。

四、Revit 界面介绍 ▼

Revit 界面如图1-6所示,其各部分功能见图1-6的图下注。

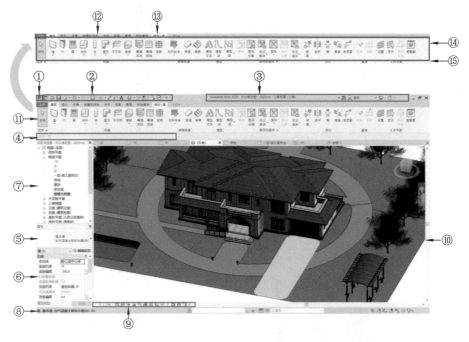

图1-6　Revit 界面

1—应用程序菜单;2—快速访问工具栏;3—信息中心;4—选项栏;5—类型选择器;6—"属性"选项板;

7—项目浏览器;8—状态栏;9—视图控制栏;10—绘图区域;11—功能区;12—功能区上的选项卡;

13—功能区上的上下文选项卡,提供与选定对象或当前动作相关的工具;

14—功能区当前选项卡上的工具;15—功能区上的面板

五、Revit 菜单命令 ▼

1. 应用程序菜单

应用程序菜单位于软件开启后"文件"的下方,应用程序菜单提供对常用文件操作的访问,包括"最近打开的文件"、"新建"、"打开"、"另存为"等,还包括更高级的工具包括"导出"和"发布"等。点击应用程序菜单中的

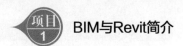

"选项"按钮,可以查看和修改文件位置、用户界面、图形设置等,如图 1-7 所示。

2. 快速访问工具栏

单击快速访问工具栏后的下拉按钮,将弹出工具列表,如图 1-8 所示。在其中可以添加一些快速访问的选项,方便使用者快速使用某些访问命令。例如,快速进入 3D 视图,快速创建剖面等。

(a)

(b)

图 1-7 应用程序菜单

图 1-8 快速访问工具栏

快速访问工具栏可以显示在功能区的上方或下方。若要修改设置,可在快速访问工具栏后的"自定义快速访问工具栏"下拉列表中选择"在功能区下方显示"命令。

1) 将工具添加到快速访问工具栏中

在功能区内浏览以显示要添加的工具。在该工具上右击,然后在弹出的菜单中选择"添加到快速访问工具栏"命令,如图 1-9 所示。

图 1-9 "添加到快速访问工具栏"命令

> **提示:**上下文选项卡中的某些工具无法添加到快速访问工具栏中。

如果从快速访问工具栏中删除了默认工具,可以单击快速访问工具栏后的下拉按钮,在弹出的"自定义快速访问工具栏"下拉列表中选择要添加的工具,来重新添加这些工具。

2) 自定义快速访问工具栏

若要快速修改快速访问工具栏,可在快速访问工具栏的某个工具上右击,然后在弹出的菜单中选择以下选项。

(1) 从快速访问工具栏中删除:用于从快速访问工具栏中删除某工具。

(2) 添加分隔符:在工具的右侧添加分隔符线。

要进行更广泛的修改,可在快速访问工具栏下拉列表中,单击"自定义快速访问工具栏"按钮。在弹出的对话框中,按表 1-1 所示进行操作。

表 1-1　自定义快速访问工具栏的具体操作

目　标	操　作
在工具栏中向上（左侧）或向下（右侧）移动工具	在列表中，选择该工具，然后单击 ⇧（上移）或 ⇩（下移）将该工具移动到所需位置
添加分隔线	选择要显示在分隔线上方（左侧）的工具，然后单击 ▯▮▯（添加分隔符）
从工具栏中删除工具或分隔线	选择该工具或分隔线，然后单击 ✖（删除）

3. 功能区

功能区包括三种按钮：第一种是直接调用工具（如墙命令按钮，点击之后可以直接开始绘制上次使用过的墙命令），第二种是拉下按钮（如墙下方的箭头，点击之后可以选择墙的下一级命令选项，包括建筑墙，结构墙与面墙等），第三种是分割按钮，是用来调用常用的工具或显示包含附加相关工具的菜单。

4. 上下文功能区选项卡

激活某些工具或选中图元的时候，系统会添加并切换到如图 1-10 所示的上下文功能区选项卡，其中包含绘制或者修改图元的各种命令，以及各种阵列和复制的命令。

图 1-10　上下文功能选项卡

退出该工具或清除选择时，该选项卡将关闭。

5. 视图控制栏

视图控制栏位于 Revit 窗口底部的状态栏上方，可以控制视图的比例、详细程度、模型图形式样及临时隐藏等。

6. 状态栏

状态栏沿应用程序窗口底部显示，如图 1-11 所示。使用某一工具时，状态栏左侧会提供一些技巧或提示，告诉用户应如何操作。高亮显示图元或构件时，状态栏会显示其族和类型的名称。

图 1-11　状态栏

状态栏的右侧用于显示其他控件，如图 1-11 所示，具体介绍如下。

（1）工作集：用于提供对工作共享项目的工作集对话框的快速访问。该显示字段用于显示处于活动状态的工作集，使用下拉列表可以显示已打开的其他工作集。若要隐藏状态栏上的工作集控件，可选择"视图"→"窗口"→"用户界面"命令，然后不选中状态栏中的工作集复选框。

（2）设计选项：提供对设计选项对话框的快速访问。该显示字段用于显示处于活动状态的设计选项，使用下拉列表可以显示其他设计选项。使用"添加到集"工具可以将选定的图元添加到活动的设计选项。若要隐藏状态栏上的设计选项控件，可选择"视图"→"窗口"→"用户界面"命令，然后不选中状态栏中的设计选项复选框。

（3）仅活动项：用于过滤所选内容，仅选择活动的设计选项构件。可参考在设计选项和主模型中选择图元。

（4）排除选项：用于过滤所选内容，以便排除属于设计选项的构件。

（5）单击和拖曳：允许用户在不事先选择图元的情况下拖曳图元。

（6）仅可编辑项：用于过滤所选内容，以便仅选择可编辑的工作共享构件。

（7）过滤：用于优化在视图中选定的图元类别。

项 目 2

标高与轴网的创建

在 Revit 软件中,轴网与标高是建筑构件三维空间定位的重要依据。例如,在平面图中,轴网可作为墙体的中心线定位;在立面图中,标高决定墙体的高度;每一个门、窗、阳台等构件的定位都与轴网、标高在三维空间上相互关联。与二维 CAD 软件不同,用 Revit 软件创建模型先要确定建筑高度方向的信息,即标高。标高用来定义楼层层高及生成平面视图,用于反映建筑构件在竖直方向的定位情况,所创建的标高根据建筑模型的实际需求来进行绘制,并非全是楼层层高。轴网用于反映平面上建筑构件的定位情况,在 Revit 软件中轴网确定了一个不可见的工作平面,轴网编号及标高符号样式等均可进行定制修改。

单元 1　实例分析

○ ○ ○

某建筑共 48 层,其中首层地面标高为±0.000,首层层高为 5.7 m,第二层至第五层层高为 4.5 m,第六层及以上层高均为 3.9 m。按要求建立项目标高,并建立每个标高的楼层平面视图,并且按如图 2-1 所示的平面图中的轴网要求绘制项目轴网。最终结果以"标高轴网"为文件名保存为样板文件。

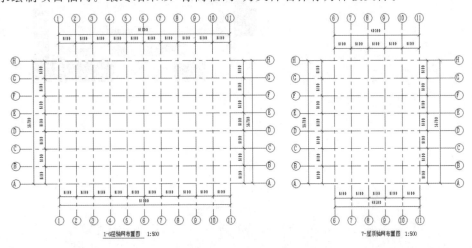

图 2-1　轴网实例

一、建模命令调用 ▼

1. 创建标高

创建标高可采用如下两种方法。

（1）选择"建筑"→"基准"→"标高" **标高**命令。

（2）使用默认快捷键:LL。

2. 创建轴网

创建轴网可采用如下两种方法。

（1）选择"建筑"→"基准"→"轴网" 轴网命令。

（2）使用默认快捷键：GR。

3. 当前视图修改命令

1）复制命令

使用复制命令可采用如下两种方法。

（1）选择"修改"→"修改"→"复制" 命令。

（2）使用默认快捷键：CO。

2）阵列命令

使用阵列命令可采用如下两种方法。

（1）选择"修改"→"修改"→"阵列" 命令。

（2）使用默认快捷键：AR。

二、实例操作 ▼

1. 绘制标高

下面详细介绍绘制标高的具体步骤。

（1）步骤1　双击"Revit 2020"图标，打开 Revit 软件。

（2）步骤2　在软件界面左侧选择"新建"→"项目"命令，弹出"新建项目"对话框，在对话框中的"样板文件"下拉菜单中选择"建筑样板"，在"新建"栏中选中"项目（P）"单选框，单击"确定"按钮，如图 2-2 和图 2-3 所示。

标高与轴网的创建

图 2-2　新建项目

图 2-3　选择样板

（3）步骤3　在绘图区左侧的"项目浏览器"中选择"立面（建筑立面）"→"南"选项，在南立面中进行标高绘制，如图 2-4 所示。

> **注**：Revit 软件建模具备三维关联，在南立面绘制标高，在其他几个立面将显示相同的标高。

（4）步骤4　选中"标高 2"图元，单击标高值"4.000"进入标高编辑状态，输入"5.7"，然后在空白处单击或按回车键完成标高编辑，软件会自动补位为标高"5.700"。单击"标高 2"进入标头编辑状态，输入"F2"，按回车键完成设置。此时，弹出"是否希望重命名相应视图"对话框，单击"是"按钮，标高对应的楼层平面将同时更名。使用相同的方法，将标头文字"标高 1"修改为"F1"，如图 2-5 所示。

> **注**：将光标移动到标高图元处，按下鼠标中间滑轮可上下左右移动标高图元，向上滑动鼠标中间滑轮可放大标高图元，向下滑动鼠标滑轮可缩小标高图元。

图 2-4　立面视图的选择　　　　　　　图 2-5　输入标高值

（5）步骤 5　选择"建筑"→"基准"→"标高"命令进入"修改｜放置标高"上下文关联选项卡。以标高 F2 左端点为基准点，向上移动光标后输入标高值"4500"，按回车键完成操作。如果标头没有自动识别为 F3，则手动修改标头，如图 2-6 和图 2-7 所示。

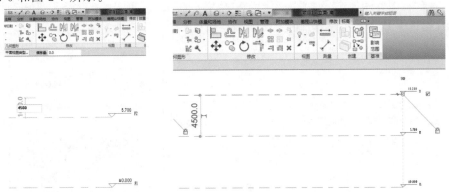

图 2-6　输入标高值　　　　　　　　　图 2-7　F3 标高层的创建

（6）步骤 6　选中标高图元 F3，在"修改｜放置标高"上下文关联选项卡中选择"修改"→"复制"命令。选择标高 F3 左端点为基准点，向上移动鼠标后输入标高值"4500"，按回车键完成标高 F4 的绘制。采用同样的方法绘制 F5、F6，如图 2-8 和图 2-9 所示。

> 注：复制过程中在"选项栏"中选中"约束"与"多个"复选框 修改｜标高　☑约束　□分开　☑多个 ，可以保证轴网以正交的方式连续复制多个。

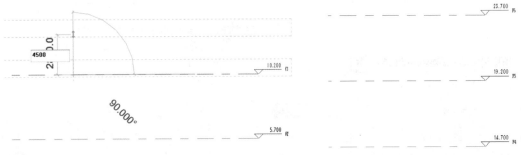

图 2-8　复制标高　　　　　　　　　图 2-9　标高的创建

（7）步骤 7　选中标高图元 F6，在"修改｜放置标高"上下文关联选项卡中选择"修改"→"阵列"命令，在选项栏中选择"线性"，不选中"成组并关联"，项目数为 44。

> 注：建筑层数 48，已绘制 F1～F6，因为以 F6 为基准完成阵列命令，故项目数为 44。

选择"第二个"→"激活尺寸标注"命令。以 F6 左端点为基准点，输入标高值"3900"，按回车键完成绘制，如图 2-10 所示。

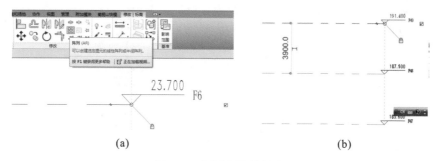

(a)　　　　　　　　　　　　　　(b)

图 2-10　平面视图的创建

（8）步骤 8　选择"视图"→"创建"→"平面视图"→"楼层平面"命令，弹出"新建楼层平面"对话框。在对话框中按下 Shift 或 Ctrl 键选中 F4～F49，单击"确定"按钮，如图 2-10 和图 2-11 所示。

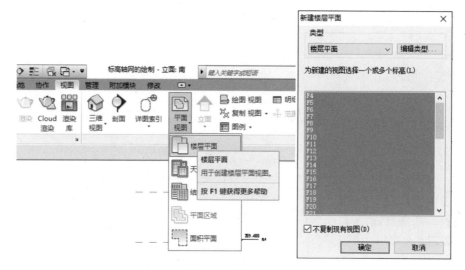

图 2-11　选择楼层

注：通过复制或阵列命令生成的标高，并没有与楼层平面进行关联，如图 2-12 和图 2-13 所示。

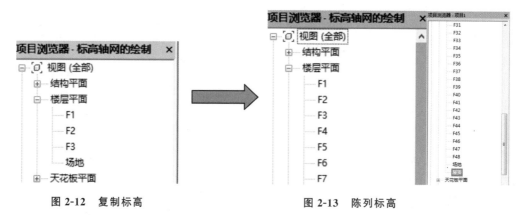

图 2-12　复制标高　　　　　　**图 2-13　陈列标高**

自此，完成了该实例的标高绘制，将 F49 重命名为屋顶。

2. 绘制轴网

下面详细细介绍绘制轴网的具体步骤。

（1）步骤 1　在绘图区左侧的"项目浏览器"中选择"楼层平面"，双击"F1"进入 F1 平面视图。

（2）步骤 2　选择"建筑"→"基准"→"轴网"▦ 轴网 命令，功能区自动进入"修改 | 放置轴网"上下文关联选项卡，如图 2-14 和图 2-15 所示。

图 2-14　轴网命令

图 2-15　上下文关联选项卡

（3）步骤 3　在绘图区域左下角的适当位置单击，确定轴线起点；垂直向下移动光标，至合适距离再单击，确定该轴线终点，完成 1 号轴线的创建，如图 2-16 所示。

注：向上移动光标时，如果轴线不垂直，可在移动光标的同时按下 Shift 键。

（4）步骤 4　选中 1 号轴网图元，功能区选项卡自动进入"修改 | 轴网"上下文关联选项卡。选择"修改"→"阵列"▦▦ 命令，在选项栏中选择"线性"▦，不选中"成组并关联"，项目数为 11，选中"第二个"，选择"约束"→"激活尺寸标注"，以 1 号轴线上端点为基准点，输入轴网间距"8100"，按回车键完成绘制，如图 2-16 所示。

（5）步骤 5　框选立面符号◯，在立面符号处单击，将立面符号移出轴网范围，如图 2-17 所示。

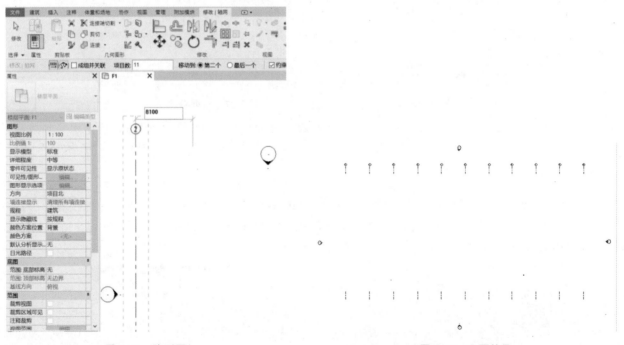

图 2-16　阵列图　　　　　　　　　　　　　图 2-17　立面符号

（6）步骤 6　编辑轴网。选中任一竖向轴线，软件自动打开轴网的属性面板，如图 2-18 和图 2-19 所示。单击属性面板中的"编辑类型"按钮，弹出"类型属性"对话框，如图 2-20 所示。在对话框的"类型参数"选项组中的"参数"栏中找到"轴线中段"项，其"值"栏中对应的为"无"，单击"无"按钮，在弹出的下拉菜单中选择"连续"。

同时，选中"平面视图轴号端点 1（默认）"复选框。单击"确定"按钮，完成轴网的编辑，如图 2-21 所示。

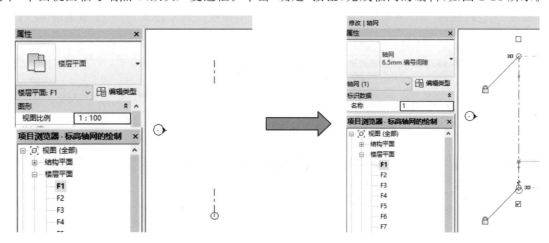

图 2-18　未选中轴线图元之前　　　　　　图 2-19　选中轴线图元之后

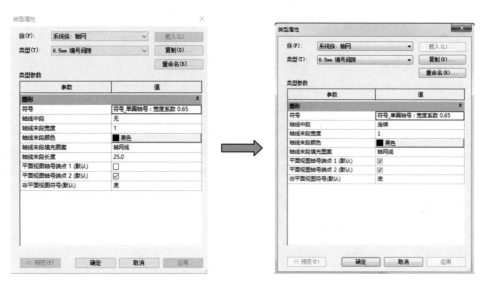

图 2-20　轴网编辑前　　　　　　图 2-21　轴网编辑后

（7）步骤 7　同步骤 2 的操作，进入轴网绘制命令。在 1 号轴线左上角合适位置单击，确定水平轴线起点；将光标从左往右移动至 11 号轴线右侧的一定距离后，单击确定水平轴线的终点，修改标头文字为"A"，完成水平 A 号轴线的绘制，如图 2-22 所示。

（8）步骤 8　选中 A 号轴线图元，选择"修改"→"复制"命令，如图 2-23 所示。在选项栏中选中"约束"、"多个"。单击 A 号轴线上任一点为起点，向上移动光标，输入间距值"8100"，按回车键完成 B 号轴线的绘制，如图 2-24 所示。继续输入间距值"8100"，然后完成后续水平轴线 C、D、E、F、G、H 的绘制，如图 2-25 所示。按 Esc 键退出轴网的绘制命令。

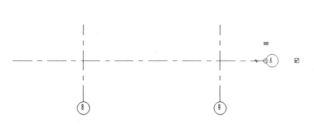
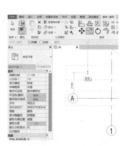

图 2-22　水平轴网的创建　　　　　　图 2-23　复制轴网

项目 2 　标高与轴网的创建

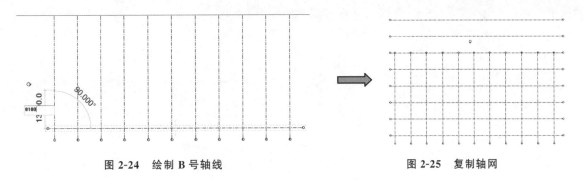

图 2-24　绘制 B 号轴线　　　　　　　　　图 2-25　复制轴网

　　(9) 步骤 9　同步骤 5,将立面符号 ◯ 移出轴网范围,以方便后续操作。

　　(10) 步骤 10　选中 1 号轴网,将"标头位置调整"符号 ↑ 向上拖曳,所有垂直轴线的标头位置整体随之调整。如果单击打开"标头对齐锁" ✎,则可移动单根轴线标头位置,如图 2-26 所示。

　　(11) 步骤 11　1～6 号轴线仅在 1～6 层轴网布置图中可见。在"项目浏览器"中选择"立面(建筑立面)"→"南",在南立面中选中任一标高线,拖曳"空心圆点",使标高线与各轴线相交。选取 1 号轴线,打开"标头对齐锁",拖曳"空心圆点",使 1 号轴线标头向下移动一定距离。同理使 2、3、4 号轴线标头向下移动与 1 号轴线标头对齐,将 1～4 号轴线标头整体向下移动至 F5～F6 之间,如图 2-27 所示。

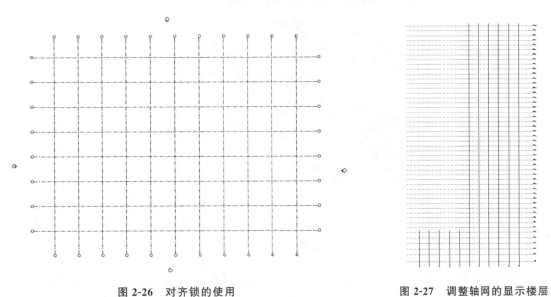

图 2-26　对齐锁的使用　　　　　　　　　图 2-27　调整轴网的显示楼层

　　(12) 步骤 12　切换至"楼层平面",打开 F7 楼层平面视图。单击选取 A 号轴线,将轴线左端的轴网 3D 状态单击改成 2D 状态。单击轴线端点的实心点,拖曳轴网标头至适当位置,如图 2-28 所示。

　　(13) 步骤 13　同步骤 12 的方法,将 B～F 轴线标头拖曳至与 A 轴标头对齐,如图 2-29 所示。

　　(14) 步骤 14　框选 F7 平面视图中的所有轴网(不含立面视图符号),在"修改丨轴网"上下文关联选项卡的"基准"面板中单击"影响范围",弹出"影响基准范围"对话框,在该对话框中,按 Shift 键选中"楼层平面 F8～F48"以及"屋顶",单击"确定"按钮使 F8～F48、屋顶的轴网与 F7 的轴网保持一致,如图 2-30 所示。

　　(15) 步骤 15　在视图控制栏中将比例"1∶100"改为"1∶500",如图 2-31 所示。

　　(16) 步骤 16　双击 F1 平面视图,在"注释"功能选项卡中选择"对齐" ✐ 命令,依次选择所要标注的轴线,在空白处单击完成尺寸标注,如图 2-32 所示。

　　(17) 步骤 17　框选 F1 平面视图所有图元,在"修改丨选择多个"上下文关联选项卡的"选择"面板中选择"过滤器",弹出"过滤器"对话框,如图 2-33 所示。在该对话框中,选择"放弃全部(N)"按钮,仅选中"尺寸标注"复选框,单击"确定"按钮,完成 F1 平面视图中所有尺寸标注图元的选择。选择"剪贴板"→"复制" 📋 →"剪贴板"→"粘贴"→"与选定的视图对齐"命令,如图 2-34 所示,弹出"选择视图"对话框,在其中按 Shift 键同时选择楼层平面 F2～F6，单击"确定"按钮，完成尺寸在不同平面视图中的复制。

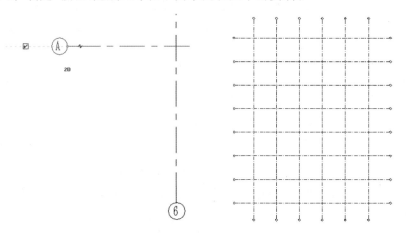

图 2-28　3D 与 2D 之间的转换　　　　图 2-29　标头的对齐

图 2-30　"影响基准范围"对话框

图 2-31　视图比例的设置

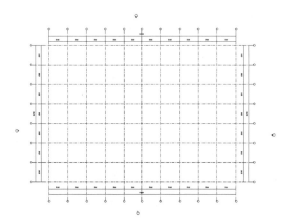

图 2-32　尺寸标注

图 2-33　"过滤器"对话框

(18) 步骤 18　同步骤 16,对 F7 平面视图进行尺寸标注,并将 F7 的尺寸标注通过"剪贴板"中的复制命令粘贴到 F8～F48 及屋顶的楼层平面视图中。

(19) 步骤 19　右击 F1 平面视图,在弹出的菜单中选择"通过视图创建视图样板",弹出"新视图样板"对话框,将其命名为 F1,单击"确定"按钮,弹出"视图样板"对话框,在该对话框中的名称项中选择"F1",视图比例参数选择 1:500,单击"确定"按钮。选中 F2～F48 及屋顶并右击,在弹出的菜单中选择"应用样板属性",弹出"视图样板"对话框。将视图样板命名为 F1 的样板,单击"确定"按钮。

(20) 步骤 20　将样板文件命名为"标高轴网"并保存,完成操作。

图 2-34　复制尺寸标注

标高与轴网

模型链接:具体操作步骤见网址 http://www.spdview.com/view/s? hash=f15a274f-48cd-4626-89d4-8544516175b9。

单元2　知识扩展

一、标高的编辑

Revit 中的标高可以根据实际情况进行调整,调整方法主要有两种:整体编辑和局部编辑。

1. 整体编辑

选中某个标高图元后,单击"属性"选项板中的"编辑类型",在弹出的"类型属性"对话框中可编辑标高的类型参数。类型参数的设置说明如表 2-1 所示,通过对"类型属性"面板中参数进行修改,可以编辑整体标高的显示效果。

表 2-1　标高类型参数设置一览表

参　数	值
限制条件	—
基面	如果该选项设置为"项目基点",则在某一标高上报告的高程基于项目原点;如果该选项设置为"测量点",则在某一标高上报告的高程基于固定测量点
图形	—
线宽	设置标高类型的线宽。可以使用"线宽"工具来修改线宽编号的定义
颜色	设置标高线的颜色。可以从 Revit 定义的颜色列表中选择颜色,或者自己定义颜色
线型宽度	设置标高线的线型图案。线型图案可以为实线或虚线和圆点的组合,可以从 Revit 定义的值列表中选择线型图案,或定义自己的线型图案
符号	确定标高线的标头是否显示编号中的标高号(标高标头-圆圈)、显示标高号但不显示编号(标高标头-无编号)或不显示标高号(〈无〉)
端点 1 处的默认符号	默认情况下,在标高线的左端点处放置编号。选择标高线时,标高编号旁边将显示复选框,取消选中该复选框可以隐藏编号,再次选中它可以显示编号
端点 2 处的默认符号	默认情况下,在标高线的右端点处放置编号

2. 局部编辑

标高的编辑修改除可以通过"类型属性"对话框进行统一设置外,还可以对单个标高图元的参数进行独立编辑,如设置标高的名称、显示位置以及显示与否等操作。

1）对标高名称进行重命名

选中某一标高图元,单击标高名称,在文本框中修改标高名称,按回车键后弹出"是否希望重命名相应视图?"提示框。在提示框中单击"是(Y)"按钮完成标高名称的修改,系统会同时更改该标高对应的楼层平面视图的名称,如图 2-35 所示。

2）标高名称的局部隐藏

标高名称除了能够在"类型属性"对话框中统一设置是否显示外,还可以单独设置某个标高名称是否显示。具体操作如下。

（1）选择要修改的标高图元。

（2）选中其左侧的"隐藏编号"复选框。

（3）完成该标高名称与参数的隐藏。

要想重新显示名称与参数,只需要取消选中"隐藏编号"复选框即可。

图 2-35　重命名视图

3）标高的弯头添加

标高的显示除了直线效果外,还可以是折线效果,只要为标高添加弯头即可。其具体的操作方法为:选中要修改的标高图元,单击右侧的"添加弯头"折线符号,如图 2-36 所示,完成操作。

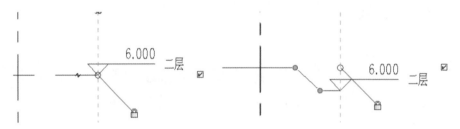

图 2-36　添加弯头

当添加弯头后,还可以手动继续改变标高参数和标高图标的显示位置。具体操作方法为:单击并拖曳弯折处实心圆点向上或向下移动,释放鼠标完成操作。当拖动弯折处实心圆点到同直线的另一实心圆点时,标高就会返回添加弯头的显示状态。

在 Revit 软件中,当标高端点对齐时,会显示对齐符号。当单击并拖动标高端点改变其位置时,发现所有对齐的标高会同时移动。当单击对齐符号进行解锁后,再次单击标高端点并拖动,发现只有该标高被移动,其他标高不会随之移动。

二、轴网的编辑 ▼

Revit 软件中的轴网与标高相同,既可进行整体编辑,也可进行单一图元编辑。唯一不同的是,轴网为楼层平面中的图元,所以可以在各个楼层平面中查看轴网效果。

1. 轴网整体编辑

打开 Revit 软件,根据本章实例创建轴网,发现所创建的轴网只显示轴线两端的线条以及一端的轴线标头,如图 2-37 所示。

轴网整体参数编辑如下。

（1）选中某一轴线图元。

（2）在"属性"选项板中选择"编辑类型",弹出"类型属性"对话框。

（3）在"类型属性"对话框中,根据实际情况对轴线参数进行编辑。

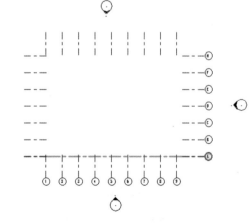

图 2-37　轴网的整体显示

轴线参数设置说明如表 2-2 所示。

表 2-2　轴线参数设置说明

参　　数	值
图形符号	用于轴线端点的符号。该符号可以在编号中显示轴网号(轴网标头-圆)、显示轴网号但不显示编号(轴网标头-无编号)、无轴网编号或轴网号(无)
轴线中段	在轴线中显示的轴线中段的类型。选择"无"、"连续"或"自定义"
轴线中段宽度	如果"轴线中段"参数为"自定义",则使用线宽来表示轴线中段的宽度
轴线中段颜色	如果"轴线中段"参数为"自定义",则使用线颜色来表示轴线中段的颜色。选择 Revit 中定义的颜色,或者自己定义颜色
轴线中段填充图案	如果"轴线中段"参数为"自定义",则使用填充图案来表示轴线中段的填充图案。线型图案可以为实线或虚线和圆点的组合
轴线末段宽度	表示连续轴线的线宽,或者在"轴线中段"为"无"或"自定义"的情况下表示轴线末段的线宽
轴线末段颜色	表示连续轴线的线颜色,或者在"轴线中段"为"无"或"自定义"的情况下表示轴线末段的线颜色
轴线末段填充图案	表示连续轴线的线样式,或者在"轴线中段"为"无"或"自定义"的情况下表示轴线末段的线样式
轴线末段长度	在"轴线中段"为"无"或"自定义"的情况下表示轴线末段的长度(图纸空间)
平面视图轴号端点 1(默认)	在平面视图中,在轴线的起点处显示编号的默认设置,也就是说,在绘制轴线时,编号在其起点处显示。如果需要,可以显示或隐藏视图中各轴线的编号
平面视图轴号端点 2(默认)	在平面视图中,在轴线的终点处显示编号的默认设置,也就是说,在绘制轴线时,编号在其起点处显示。如果需要,可以显示或隐藏视图中各轴线的编号
非平面视图符号(默认)	在非平面视图的项目视图(如立面视图和剖面视图)中,轴线上显示编号的默认位置:"顶"、"底"、"两者"(顶和底)或"无"。如果需要,可以显示或隐藏视图中各轴线的编号

2. 轴网局部编辑

1）轴网的平铺展示

由于轴网在平面视图中的共享性,故有其特有的操作方式。

在绘图区同时打开两个楼层平面视图,选择"视图"→"窗口"→"平铺"选项,将轴网的同一区域显示在窗口中进行对比分析,如图 2-38 所示。

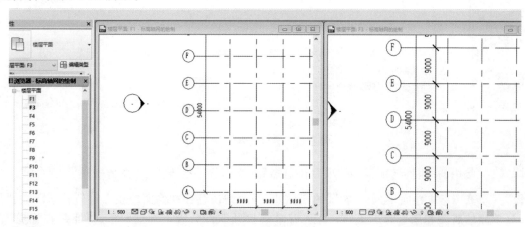

图 2-38　多视口的创建

2）轴网的名称编辑、对齐及弯头添加

轴网的名称编辑、对齐及弯头添加可参考本章标高的局部修改部分。轴网的编辑如图2-39所示。

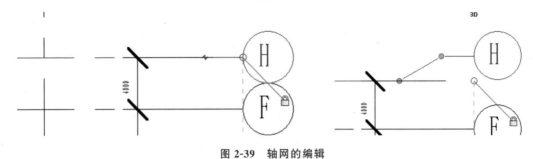

图2-39 轴网的编辑

单元3 疑难解答

问题1 Revit软件中的项目样板如何选择？

答 Revit安装好之后，软件自带有七个项目样板，除了默认的"构造样板"外，在下拉框中还有"建筑样板"、"结构样板"、"机械样板"等可供选择。"构造样板"包括的是通用的项目设置，"建筑样板"是针对建筑专业，"结构样板"是针对结构专业，"机械样板"是针对机电全专业（包括水、电、暖专业）。如果需要机电某个单专业的样板，可以单击"新建样板"对话框中的"浏览"按钮，弹出如图2-40所示的"选择样板"对话框，在其中选择Electrical-DefaultCHSCHS（电气）、Mechanical-DefaultCHSCHS（暖通）或Plumbing-DefaultCHSCHS（给排水）专业样板。

图2-40 项目样板的选择

问题2 常用的"属性选项板"或"项目浏览器"在绘图界面看不见了，如何处理？

答 在Revit界面，除了功能区的图标外，一般默认都会在界面的左方排列有"属性栏"和"项目浏览器"，用于显示族的属性和项目的视图列表。但有时候打开软件会看不到这两栏，可能是在建模中因误操作而关闭了，这时可以进行如下操作。

选择"视图"→"窗口"→"用户界面",在弹出的下拉列表中,选中"项目浏览器"和"属性"复选框,如图 2-41 所示。

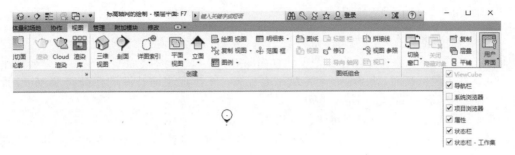

图 2-41　属性及项目浏览器的显示控制

问题 3　软件绘图区的背景色如何自行定义?

答　具体操作为:打开软件,选择"文件"→"选项",在弹出的"选项"对话框的"图形"选项卡的"颜色"栏中的"背景色(K)"下拉菜单中选择,完成操作,如图 2-42 所示。

图 2-42　背景色的选择

问题 4　如何自定义快捷键?

答　快捷键的使用无疑可以提高建模的速度,Revit 软件不仅提供了默认快捷键,而且可以让用户自定义快捷键,具体操作为:选择"视图"→"窗口"→"用户界面",在下拉菜单中选中"快捷键"复选框后弹出"快捷键"对话框,在对话框中按使用习惯进行快捷键的设置,如图2-43所示。

问题 5　为什么在新建的楼层平面视图中看不到轴网?怎样才能显示?

答　使用 Revit 软件的 轴网 命令绘制的轴线都是有空间概念的,一般在其中一个平面上绘制的轴线都会出现在其他楼层平面上，但有时会发现，在绘制好轴线后再新建标高创建楼层平面，轴线在后绘制的平面视图中将不能显示。这是因为，有空间概念的轴线并没有和新建的平面视图相交，解决办法是进入一个立面视图，拖曳轴网标头与相应的标高相交。

问题 6 为什么部分新建的标高没有和楼层平面进行关联，生成相应的平面视图？

答 当用 Revit 软件中标高命令创建标高时，每建立一个标高就对应生成一个楼层平面视图，但当用复制或阵列方法创建标高时，就不会自动生成平面视图。未生成平面视图的标高在 Revit 立面视图中，标头显示为黑色，生成了平面视图的标高标头为蓝色。

要显示未生成的平面视图，可按以下步骤进行操作。

选择"视图"→"平面视图"→"楼层平面"，弹出"新建楼层平面"对话框，在对话框中按 Shift 键或 Ctrl 键，选择需要创建的楼层平面标高，单击"确定"按钮完成设置。

如果有些标高只是用于标注，不需要产生对应的楼层平面视图，就可以直接用复制的方式创建，若已生成了平面视图，也可以在项目浏览器中，找到相应的楼层平面，右击"删除"即可。

图 2-43　自定义快捷键

问题 7 Revit 软件中轴网图元的 2D 和 3D 有什么区别？

答 Revit 软件的轴线默认都为 3D 模式，点击轴线，会在轴线旁出现一个"3D"标识符，点击此符号，就可以在 3D 与 2D 之间切换，如图 2-28 所示。如果轴线处于 2D 状态，则表明对此轴线所做的修改只影响本视图，不影响其他视图；如果轴线处于 3D 状态，则表明所做修改会影响其他视图。

当轴线变为 2D 模式时，它与其他 3D 轴线标头的位置锁定会自动解除，并自动与相邻的 2D 轴线标头的位置锁定。

如果希望在其他平面视图中应用修改后的 2D 轴线形式，可以在选择 2D 轴线后，单击其修改栏的"影响范围"按钮，在弹出对话框中勾选要应用的平面视图。

问题 8 DWG 格式的 CAD 轴网文件如何在 Revit 软件中使用？

答 如果有现成的 DWG 格式的轴网文件，可以按如下方法进行操作。

（1）选择"插入"→"链接 CAD"或"导入 CAD"。

（2）选择"建筑"→"基准"→"轴网"命令，自动进入"修改｜放置轴网"上下文关联选项卡。

（3）选择"绘制"→"拾取线" ↗，按顺序拾取 DWG 文件的轴线，即可生成 Revit 软件的轴线。

> **注**：Revit 软件轴线编号自动按顺序生成，拾取轴线时应按顺序拾取，同时 Revit 软件自动编号不能主动避开 I、O、Z 轴号，应手动更改。

问题 9　将 CAD 绘制的 DWG 格式文件作为底图插入 Revit 软件中，选择"链接"还是"导入"？

答　"链接"与"导入"都是外部参照文件的方式，这两种方式的区别为：当链接文件有更改时，链接到 Revit 软件中的底图文件也随之更改，而以"导入"方式插入 Revit 软件中的文件，原文件变化，Revit 软件中导入的文件不会随之变化。

采用链接方式时，应注意链接文件的路径，如果路径发生变化，在打开文件时，会提示找不到链接文件。

问题 10　如果轴网中的轴线不是单一线段，而是有多条线段组成的，该如何绘制？

答　当轴线是由多段线组成的折线时，不能直接选择轴网"绘制"面板中的绘制线命令，应先选择旁边的"多段"命令，进入多段线的编辑模式，再开始绘制。如图 2-44 所示。

> **注**：此时的编辑模式为一个二维线条的绘制模式，绘制出的轴线为粉红色的实线段，完成绘制后需点击"完成编辑模式"按钮。

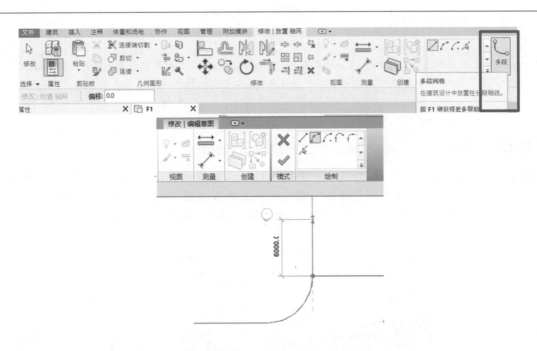

图 2-44　多段轴网线的绘制

问题 11　Revit 软件如何控制模型对象的可见性？

答　Revit 软件中没有类似 AutoCAD 的图层功能，要控制模型对象是否显示，可以通过调整视图的可见性来控制模型对象的显示状态。具体操作为：

选择"视图"→"图形"→"可见性/图形"命令，弹出"可见性/图形"对话框，可对对话框中的模型对象进行编辑，如图 2-45 所示。

图 2-45　视图可见性的设置

注：每个视图的可见性都是独立控制的，在当前视图设置好的可见性，在其他的视图中是不起作用的，如果希望当前设置好的可见性用于其他的视图，可以把当前视图创建成一个样板，然后把该视图样板应用到其他视图中，以避免重复的视图设置。

问题 12　如何将当前设置好的视图属性应用于其他视图中？

答　具体操作方法为：打开某个视图属性已经设置好的视图，选择"视图"→"图形"→"视图样板"，在下拉菜单中选择"从当前视图创建样板"，输入新视图样板名称，单击"确定"按钮弹出"视图样板"对话框，在"视图样板对话框"中选择新建的视图样板，单击"确定"按钮，完成操作，如图 2-46 所示。

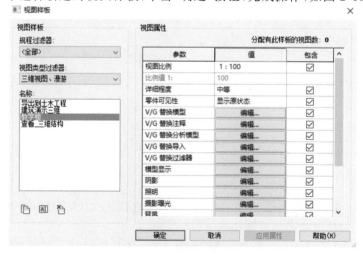

图 2-46　视图样板的应用

单元 4 训练与提高

● ● ●

根据图 2-47 给定的数据创建轴网并添加尺寸标注,尺寸标注文字大小为 3 mm,轴头显示方式以下图为准。请将最终结果以"轴网"为文件名保存。

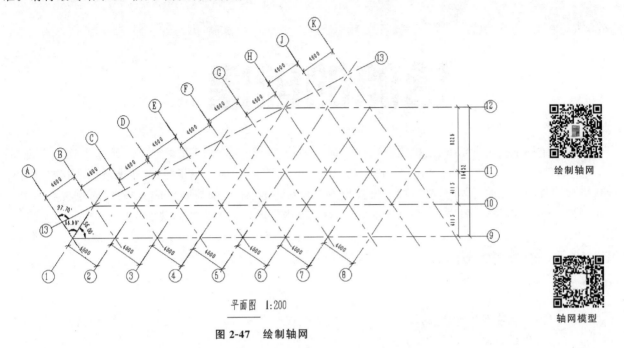

平面图 1:200

图 2-47 绘制轴网

绘制轴网

轴网模型

模型链接:具体操作步骤见网址 http://www.spdview.com/view/s? hash=75b1ee8a-2a1c-4582-9621-5e5059c17265。

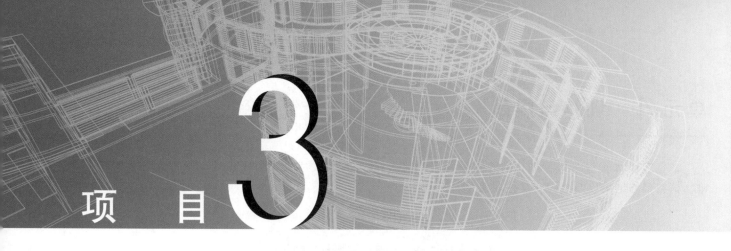

项 目 **3**

墙体的创建

墙体在建筑结构中是用于承重、围护或分隔空间的重要构件,是建筑物的重要组成部分。在 Revit Architecture 建模中,墙体是三维设计的基础,它不仅是建筑空间的分隔主体,而且也是门窗、墙饰条、分隔缝、卫浴灯具等设备模型构件的承载体。同时,墙体构造层设置及其材质设置,不仅影响着墙体的三维、透视和立面视图中的外观表现,而且直接影响后期施工图设计中墙身大样、节点详图等视图中墙体截面的显示。

单元 **1** 实例分析

根据图 3-1 所示,创建墙体与幕墙,墙体构造与幕墙竖挺连接方式分别如图 3-2 和图 3-3 所示,竖挺尺寸为 100 mm×50 mm。然后将模型以"幕墙"为文件名保存。

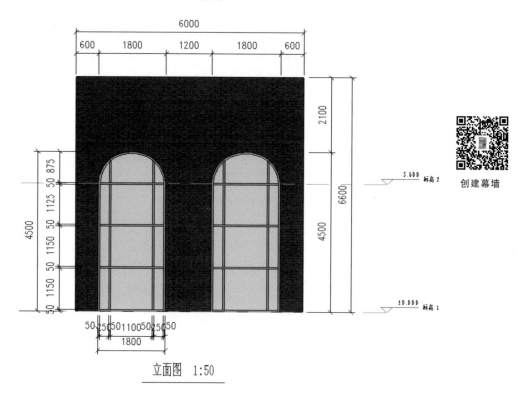

创建幕墙

图 3-1 墙体和幕墙实例

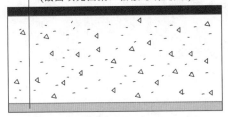

墙体做法详图大样

图 3-2 墙体构造

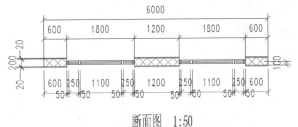

断面图 1:50

图 3-3 幕墙竖挺连接方式

一、建模命令调用 ▼

1. 建筑墙

创建建筑墙有如下两种方法。

(1) 选择"建筑"→"构建"→"墙"命令,在"墙"下拉菜单中选择"建筑墙"。

> **注**:下拉菜单中有"建筑墙"、"结构墙"、"面墙"、"墙饰条"、"墙分隔缝"五个选项,"墙饰条"和"墙分隔缝"只有在三维视图下才能激活,在墙体绘制完成后进行添加。"建筑墙"命令主要用于空间的分割,用于创建非承重墙;"结构墙"命令主要用于在建筑模型中创建承重墙或剪力墙,可进行结构分析;"面墙"主要用于体量或常规模型创建墙面。

(2) 使用快捷键:WA。

2. 墙体修改工具

选择墙体图元,在"修改丨墙"上下文关联选项卡的"修改"面板中有"移动"、"复制"、"旋转"、"修剪"、"阵列"、"拆分"、"镜像"、"偏移"、"对齐"等编辑工具。

(1) 移动 ✛ (快捷键:MV):用于将选定的墙图元移动到当前视图中指定的位置。在视图中可以直接拖动图元移动,但是"移动"功能可以帮助用户准确定位构件的位置。

(2) 复制 ⌘ (快捷键:CO/CC):在前面模块的标高与轴网中已经介绍过该修改命令,该命令同样适用于墙体的修改。

(3) 旋转 ⟳ (快捷键:RO):该操作可以将指定对象绕指定点旋转任意角度,但位置和大小不变。

(4) 修剪命令。

① 修剪 ⌐ (快捷键:TR):修剪或延伸图元(如墙或梁),以形成一个角。

② 修剪 ⌐ :修剪或延伸一个图元(如墙、线或梁)到其他图元定义的边界。

③ 修剪 ⌐ :修剪或延伸多个图元(如墙、线或梁)到其他图元定义的边界。

(5) 阵列 ⊞ (快捷键:AR):利用该工具可以按照线性或径向的方式,以定义距离或角度复制出源对象的多个对象副本。在 Revit 软件中,利用该工具可以大量减少重复性图元的绘图步骤,提高工作效率。

（6）拆分 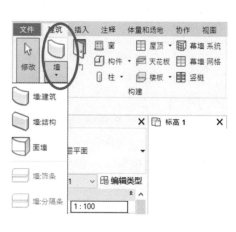（快捷键：SL）：利用拆分工具可以将图元分割为两个单独的部分，可以删除两个点之间的线段，还可以在两面墙之间创建定义的间隙。

（7）镜像：绘制对称图元时，只需绘制对象的一半，然后将图元其他部分通过镜像命令复制即可。

① 镜像-拾取轴（快捷键：MM）：单击选择要镜像的图元，选择"镜像-拾取轴"，在平面视图中选取相应的轴线，完成镜像操作。

② 镜像-绘制轴（快捷键：DM）：单击选择要镜像的图元，选择"镜像-绘制轴"，在平面视图中相应位置绘制一根轴线作为镜像轴，完成镜像操作。

（8）偏移（快捷键：OF）：该命令可以创建与源对象有一定距离，且形状相同或相似的新图元对象。

（9）对齐（快捷键：AL）：可以将一个或多个图元与选定的图元对齐。选择"对齐"命令后，先选择对齐的参照线，再选择需要对齐的线。

二、实例操作 ▼

在 Revit Architecture 中创建墙体时，需要先定义好墙体的类型，如墙体厚度、材质、功能、结构形式等，再指定墙体的平面位置、高度等参数。

墙体绘制步骤具体介绍如下。

1. 步骤 1

打开 Revit 软件 ⓡ，在"项目"样板栏中选择"建筑样板"，进入项目创建界面。选择"建筑"→"构建"→"墙"，在下拉菜单中选择"墙：建筑"，系统自动进入"修改｜放置墙"上下文关联选项卡，属性面板自动关联墙体属性，如图 3-4 和图 3-5 所示。

图 3-4　墙

图 3-5　墙体的选择

2. 步骤 2

在创建墙体之前需对墙体选项栏参数和实例参数进行设置，具体设置方法如下。

在"属性"面板的类型选择器中选择"基本墙"→"基本墙 常规-200 mm"，如图 3-6 所示。单击"属性"面板中"编辑类型"按钮，弹出"类型属性"对话框。单击对话框右侧的"复制（D）…"按钮，即在"常规-200 mm"类型基本墙的基础上复制项目所需要的墙体，则可对新复制的墙体进行参数设置而不会改变原墙体的参数。单击"复制（D）…"按钮后会弹出"名称"对话框，在"名称（N）"文本框后输入墙体类型名称"外墙-混凝土砌块-200 mm"，其命名方式为：使用位置-主体材料-主体厚度。具体如图 3-7 所示。

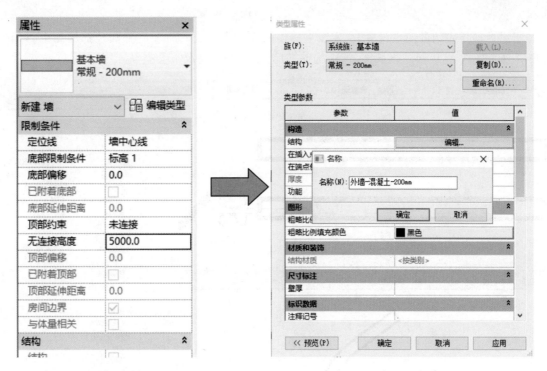

图 3-6 实例属性面板   图 3-7 类型属性面板

1) 选项栏参数设置

选项栏参数设置如图 3-8 所示。

图 3-8 选项栏参数设置

具体介绍如下。

(1) 选项栏中"高度"与"深度"分别指从当前视图向上还是向下延伸墙体。

(2)"未连接"下拉菜单中包含各个标高楼层。本案例中底部限制条件为"标高 1",顶部约束设置为"未连接",无连接的高度为 5000。当顶部约束设置为"标高 2"时,墙体高度将和标高关联,即墙体高度会随着标高的变化而变化。若设置为"未连接",则墙体高度不会随着标高值的变化而变化。

(3) 选中"链"复选框表示可以连续绘制墙体。

(4)"偏移量"表示绘制墙体时,墙体距离捕捉点的距离。如图 3-9 所示,图中墙体偏移量为 50,定位线为墙中心线(轴线),沿着轴线绘制时,墙体中心线自动偏移 50,如图 3-10 所示。

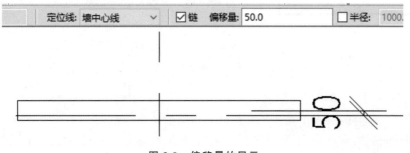

图 3-9 偏移量的显示

(5)"半径"表示两面直墙的端点相连接处不是折线,而是根据设定的半径值自动生成圆弧形墙体,如图 3-11 所示。

2）实例参数设置

图 3-12 所示为墙体实例的属性设置，主要设置墙体的墙体定位线、高度、底部和顶部的约束与偏移等。图 3-12 中有些参数为暗显，在更换三维视图、选中构件、改为结构墙等情况下会亮显。

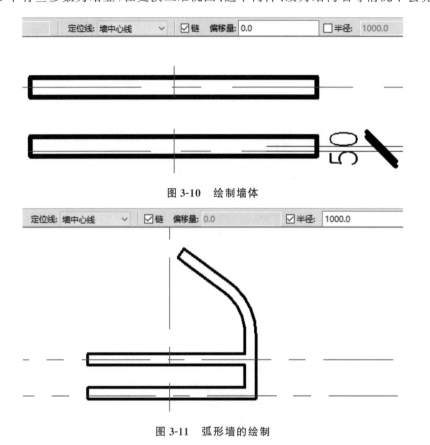

图 3-10   绘制墙体

图 3-11   弧形墙的绘制

图 3-12   实例属性设置

（1）定位线：绘制墙体时定位线分为"墙中心线"、"核心层中心线"、"面层面：外部"、"面层面：内部"、"核心面：外部"、"核心面：内部"等六种定位方式。Revit 软件中墙体核心层指的是其主结构层，"墙中心线"中的墙体不仅包含墙体中间的主结构层，还包括主结构层外的抹灰层、保温层等，如图 3-13 所示。

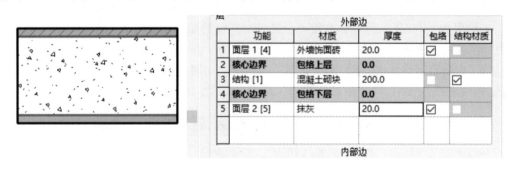

	外部边				
	功能	材质	厚度	包络	结构材质
1	面层 1 [4]	外墙饰面砖	20.0	☑	☐
2	核心边界	包络上层	0.0		
3	结构 [1]	混凝土砌块	200.0	☐	☑
4	核心边界	包络下层	0.0		
5	面层 2 [5]	抹灰	20.0	☑	☐
	内部边				

图 3-13   墙体的组成

墙体定位线的选择不同，创建墙体时的起始边线不同，如图 3-14 和图 3-15 所示。

（2）底部限制条件/顶部约束：表示墙体下底面至上顶面的约束范围。

（3）底部偏移/顶部偏移：在约束范围的条件下，可上下微调墙体的高度，如果底/顶部同时设置偏移 200 mm，则表示墙体高度不变，整体向上偏移 200 mm。其中，200 mm 表示向上偏移，－200 mm 表示向下偏移。

（4）无连接高度：当墙体顶部在不选择"顶部约束"时用于设置高度。

（5）"房间边界"复选框：在计算房间的面积、周长和体积时，Revit 软件会使用房间边界。可以在平面视图和剖面视图中查看房间边界。墙则被默认为房间边界。

（6）"结构"复选框：表示该墙是否为结构墙，勾选后可用于进行做后期受力分析。

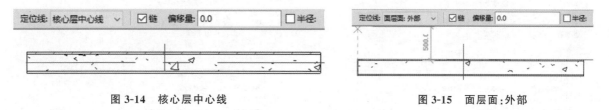

图 3-14　核心层中心线　　　　　　图 3-15　面层面：外部

3. 步骤 3

在创建墙体之前还需要对墙体结构进行参数设置，具体如下。

1）类型参数设置

在如图 3-16 所示的"类型属性"对话框中"类型参数"选项组的"构造"栏中"结构"参数右侧单击"编辑…"按钮打开"编辑部件"对话框，如图 3-17 所示。在其中选择墙体结构层，单击两次"插入（I）"按钮，即在核心边界内出现三个结构层。选择最上面的结构层，单击"向上（U）"按钮，将该层移至核心边界外，并将该层名字由"结构 [1]"改为"面层 1[4]"，设置厚度为 20。选择最下面的结构层，单击"向下（D）"按钮，将该层移至核心边界外，并将该层名字由"结构 [1]"改为"面层 2[5]"，厚度设置为 20，如图 3-18 和图 3-19 所示。

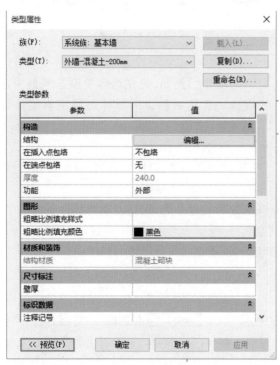

图 3-16　类型属性设置

图 3-17　编辑部件对话框

2）墙体优先级说明

在墙体"编辑部件"对话框中，"功能"选项的下拉菜单中提供了 6 种墙体功能，即结构 [1]、衬底 [2]、保温层/空气层 [3]、面层 1[4]、面层 2[5] 和涂膜层（通常用于防水涂层，厚度必须为 0）等。在创建墙体时可以根据墙体的真实做法定义墙结构中每一层墙体功能，功能名称后方括号中的数字，如"结构 [1]"，表示当墙与墙连接时，墙各层间连接的优先级。方括号内的数字越大，该层的连接优先级越低。当墙互相连接时，Revit 软件会试图连接功能相同的墙功能层，优先级为 1 的结构层将最先连接，而优先级最低的（如"面层 2[5]"）将最后连接。

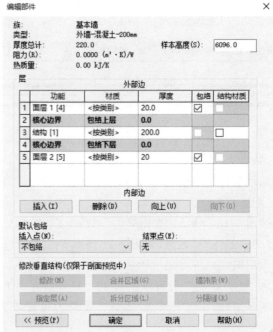

图 3-18　编辑墙体功能　　　　　　　　　　　图 3-19　墙结构的创建

3）类型参数设置说明

（1）"复制（D）…"按钮：可复制"系统族：基本墙"下不同类型的墙体。例如，先在墙体类型选择器中选择已有的基本墙类型："常规－200mm"，再单击"复制"创建新的墙体。新复制创建的墙体还需编辑墙体结构构造。

（2）"重命名（R）…"按钮：可对"类型"中的墙名称进行修改。

（3）"结构"参数：用于设置墙体的结构构造，单击"编辑…"按钮，弹出"编辑部件"对话框，可对墙体的材质、厚度等参数进行设置。

（4）"默认包络"选项组：包络指的是墙非核心构造层在断开点处的处理办法，仅是对编辑部件中选中了"包络"复选框的构造层进行包络，并且只在墙开放的断点处进行包络。

（5）"修改垂直结构（仅限于剖面预览中）"选项组：主要用于复合墙、墙饰条与分隔缝的创建。

4. 步骤 4

墙体材质的设置，具体介绍如下。

在图 3-19 中"编辑部件"对话框中单击"面层 1[4]"对应的"材质"栏中 ![按类别] 右侧的"…"按钮，打开"材质浏览器"。在搜索框内搜索"外墙饰面砖"，但未找到项目需求的材质。在"材质浏览器"下方点击 ![图标] 按钮，选择"新建材质"，然后右击"默认为新材质"，在弹出的快捷菜单中选择"重命名"，修改为项目所需的材质名"外墙饰面砖"。单击"材质浏览器"下方的"资源浏览器"对新建的项目材质赋值。在"资源浏览器"的搜索框输入"砖"，找到"均匀顺砌-紫红色"，双击该项完成赋值。关闭"资源浏览器"，完成"外墙饰面砖"外观赋值。材质设置的具体操作如图 3-20 所示。

5. 步骤 5

项目材质的"图形"参数设置，具体如下。

按项目实例的题干要求对项目材质"外墙饰面砖"进行"图形"参数设置。如图 3-21（a）所示，单击"表面填充图案"选项下的"填充图案"，弹出如图 3-21（b）所示的"填充样式"对话框，选中"模型（M）"单选框，并选择"砌块-砌块 200×400 mm"图案样式，单击"确定"按钮完成"表面填充图案"的赋值。同理，单击"截面填充图案"中的"填充图案"，弹出如图 3-21（c）所示的"填充样式"对话框，在其中的"填充图案类

型"选项组中选中"绘图（R）"单选框，在"填充图案"栏中选择"上对角线-1.5 mm"，单击"确定"按钮，完成赋值，如图 3-21（d）所示。

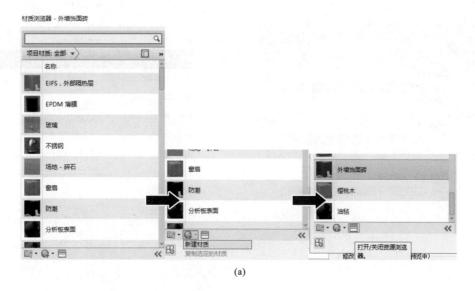

(a)

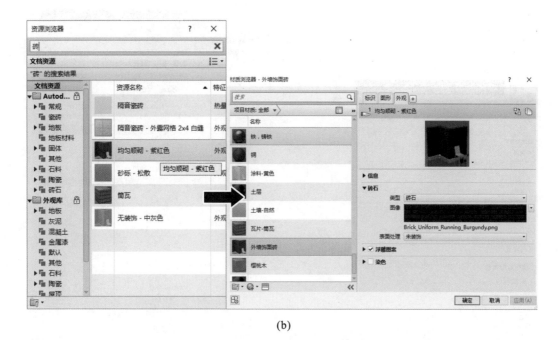

(b)

图 3-20　材质设置的具体操作

同理，对材质"抹灰"进行"图形"参数设置。单击"截面填充图案"中的"填充图案"，弹出如图 3-21（e）所示的"填充样式"对话框，在其中的"填充图案类型"选项组中选中"绘图（R）"单选框，并在"填充图案"栏中选择"松散-砂浆/粉刷"，单击"确定"按钮完成赋值，如图 3-21（f）所示。

注："表面填充图案"选项组用于在立面视图或三维视图中显示墙表面样式，"截面填充图案"选项组将在平面、剖面等墙被剖切时显示墙切面样式。"绘图（R）"填充图案类型是随视图比例的变化而变化的，而"模型（M）"填充图案类型是一个固定的值。

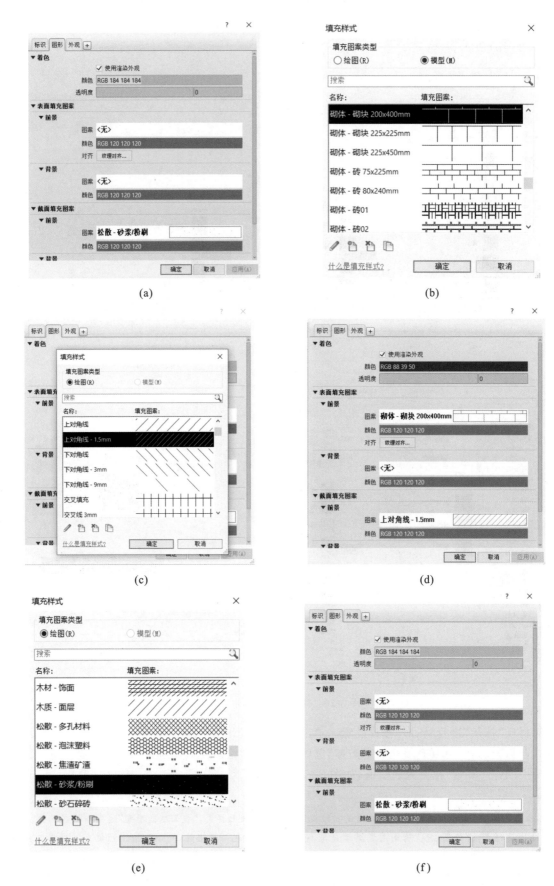

图 3-21　图形参数的设置

6. 步骤 6

创建墙体的具体步骤如下。

完成墙体的类型参数设置后,单击"确定"按钮进入墙体的绘制界面。首先根据题意调整视图比例为 1∶50。根据实例题干要求,设置墙体宽为 6000 mm,高为 6600 mm,双击进入"标高 1"楼层平面视图,如图 3-22 所示。选择"建筑"→"墙"绘制命令,软件自动进入"修改丨放置 墙"上下文关联选项卡。在绘图区域任取一点作为墙体的起点,输入墙体宽度值 6000,按回车键,完成墙体的创建。按一次 Esc 键结束本次墙体的绘制,再按一次 Esc 键结束墙体创建命令。创建墙体的绘制结果如图 3-22 所示。

图 3-22 创建墙体的绘制结果

7. 步骤 7

创建幕墙的具体步骤如下。

在"属性"面板类型选择器下拉菜单中单击"幕墙",如图 3-23 所示,根据题目要求幕墙宽 1800 mm,高 3600 mm。在幕墙"属性"面板中将"无连接高度"设为 3600,单击"编辑类型"按钮,弹出"类型属性"对话框,单击"复制(D)…"按钮,复制创建新的幕墙,单击"重命名(R)…"按钮,将其重命名为"考试用幕墙",在"类型参数"中选中"自动嵌入"复选框,如图 3-24 所示。在平面视图中距混凝土墙边线 600 处作为幕墙的起点,输入值 1800,按回车键完成幕墙的创建,如图 3-25 所示。

图 3-23 幕墙的选择

图 3-24 幕墙属性的设置

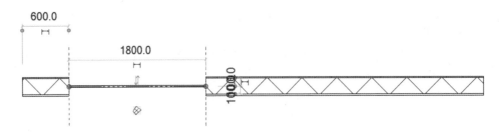

图 3-25　幕墙的绘制

8. 步骤 8

创建幕墙竖挺的具体步骤如下。

在"项目浏览器"中选择"立面（建筑立面）"→"北"，进入北立面，修改"标高 2"的值为 3.6 m。选中幕墙，出现"修改|墙"上下文关联选项卡，单击"编辑轮廓"，按图 3-26 所示的要求将幕墙轮廓进行修改。

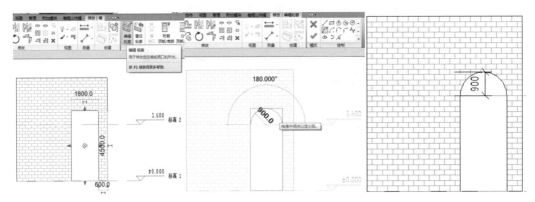

图 3-26　编辑轮廓

选择"建筑"→"构建"→"幕墙网格"，按照实例要求对幕墙进行网格划分，如图 3-27 所示。选择"构建"面板中的"竖挺"，软件自动进入"修改|放置 竖挺"上下文关联选项卡。在竖挺属性面板中单击"编辑类型"按钮，弹出如图 3-28 所示的"类型属性"对话框，单击"复制（D）…"按钮弹出"名称"对话框，在其中输入：100×50，单击"确定"按钮完成新竖挺的命名，如图 3-29 所示。将竖挺"类型参数"中"厚度"改为 100，尺寸标注不变，单击"确定"按钮后进入立面图对幕墙网格线处添加竖挺，如图 3-30（a）所示，按 Esc 键退出添加竖挺命令。单击幕墙顶竖挺，软件进入"修改|幕墙竖挺"上下文关联选项卡，选择"竖挺"→"结合"，将水平竖挺结合在一起，如图 3-30（b）所示。同理，将幕墙底水平竖挺结合在一起，如图 3-30（c）所示。

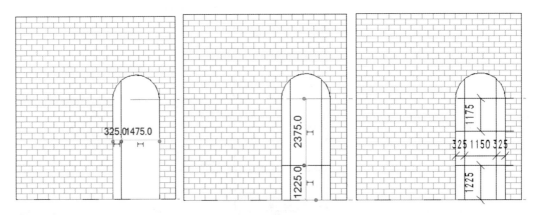

图 3-27　添加网格线

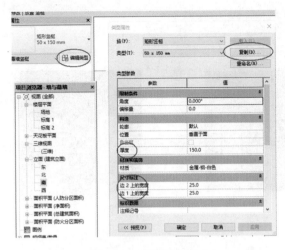

图 3-28 竖挺的选择

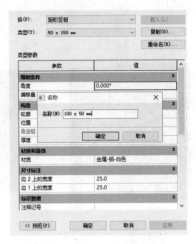

图 3-29 竖挺名称的更改

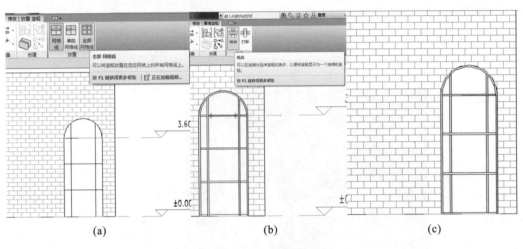

(a)   (b)   (c)

图 3-30 竖挺的结合

9. 步骤 9

选中弧形幕墙(可使用 Tab 键循环选择),选择"修改"→"镜像-绘制轴(DM)",完成弧形墙的镜像,如图 3-31 所示。

10. 步骤 10

墙与幕墙的尺寸标注具体步骤如下。

在"项目浏览器"中选择"立面(建筑立面)"→"南",进入南立面视图。选择"注释"→"尺寸标注"→"对齐"命令。将光标移至要标注的墙体或竖挺边线,单击选取;若需要标注的边线无法选中,可将光标移至要标注的边线附近,按 Tab 键,由软件自动切换选取边线,如图 3-32 所示。进入平面视图,对墙体平面视图进行标注。当墙体边线太粗,不方便拾取边线时,可单击快捷工具栏中的细线工具 🔳,如图 3-33 所示。

11. 步骤 11

保存所创建的墙与幕墙,选择"文件"→"保存"命令,以"幕墙"为文件名保存到文件夹。至此,完成实例操作。

幕墙模型

模型链接:具体操作步骤见网址 http://www.spdview.com/view/s? hash=4fb76a81-b18c-412a-9700-454c65939919。

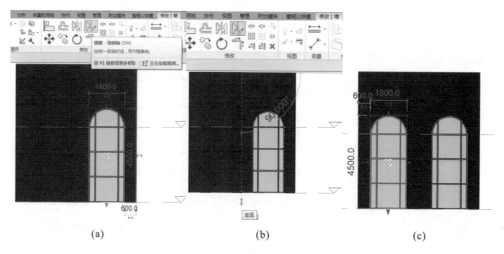

(a)   (b)   (c)

图 3-31   镜像的使用

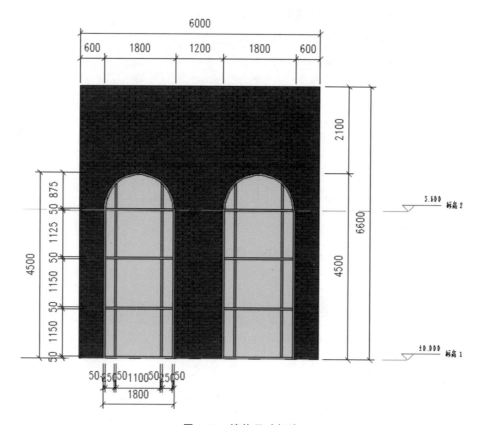

图 3-32   墙体尺寸标注

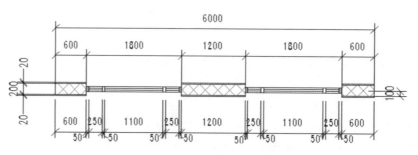

图 3-33   平面视图尺寸标注

BIM技术项目实例教程：建筑部分
（Revit Architecture 2020）

单元 2 知识扩展

一、叠层墙的创建

在 Revit 软件中,除了基本墙和幕墙两种墙系统族外,还提供了另外一种墙系统族:叠层墙。叠层墙在高度方向上由一种或几种基本墙类型的子墙构成。在叠层墙类型参数中可以设置叠层墙结构,分别指定每种类型墙对象在叠层中的高度、对齐定位方式等,可以使用其他墙图元相同的编辑工具修改和编辑叠层墙图元。

由于叠层墙是由不同材质、不同厚度的一种或几种基本墙组合而成,所以在绘制叠层墙之前,需要先定义叠层墙中所需要的基本墙。叠层墙参数设置操作如下。

选择"建筑"→"构建"→"墙"命令,在"属性"类型选择器中选择"叠层墙 外部-砌块勒脚砖墙",单击"编辑类型"按钮打开"类型属性"对话框。单击"复制(D)…"按钮创建新的叠层墙,单击"重命名(R)…"按钮将其命名为"考试用叠层墙"。在"结构"参数右侧单击"编辑…"按钮进入"考试用叠层墙"结构编辑面板对话框。在其中根据实际需要设置组成叠层墙的基本墙,并设置基本墙高度,如图 3-34 所示。

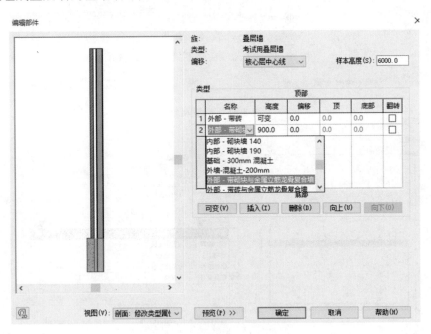

图 3-34 "编辑部件"对话框

注意:在叠层墙参数设置中,必须指定一段可编辑的高度,所以在叠层墙"编辑部件"对话框中,"高度"选项必须有一个设置为"可变"。

叠层墙的绘制方法与基本墙的绘制方法相似,仅需注意在叠层墙的实例参数中按实际需要设置"顶部约束"。

二、复合墙的创建

在 Revit 软件中,除了叠层墙、基本墙、幕墙外,还可以通过对基本墙类型属性的设置,创建立面结构更为复杂的"垂直复合结构墙"。复合墙具体操作方法如下。

选择"建筑"→"构件"→"墙:建筑"。在属性选项板中墙体类型选择器下拉菜单中,选择设置好的"外墙-混凝土-200 mm"。单击"编辑类型"按钮弹出"类型属性"对话框,如图 3-35 所示。单击"结构"参数右侧"编辑…"

按钮进入墙体结构层设置，在"编辑部件"对话框左下方单击"预览"按钮，在左侧出现墙体结构详图，如图3-36所示。在墙体下方的"视图（V）"框中将"楼层平面"改为"剖面：修改类型属性"，则"修改垂直结构（仅限于剖面预览中）"选项组中的编辑按钮变为可编辑状态，如图3-37所示。放大剖面图，单击右侧"拆分区域（L）"按钮，在浏览视图中，在从下至上800高度墙体外侧位置单击进行拆分，则墙体由下至上800处出现拆分线，如图3-38所示。在"编辑部件"对话框墙体结构层外侧插入结构功能层，设置为"面层1[4]"，材质设置为"涂料-黄色"，选中"面层1[4]"，并单击"修改垂直结构（仅限于剖面预览中）"中的"指定层（A）"按钮，将光标移至拆分后的800高墙体，并单击赋值，单击"修改（M）"按钮完成操作，如图3-39所示。

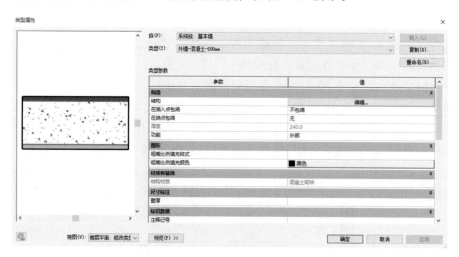

图3-35　类型属性

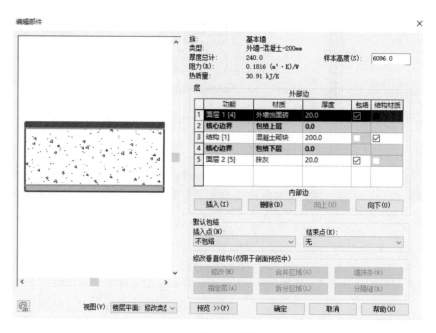

图3-36　楼层平面的显示

图3-37　剖面的显示

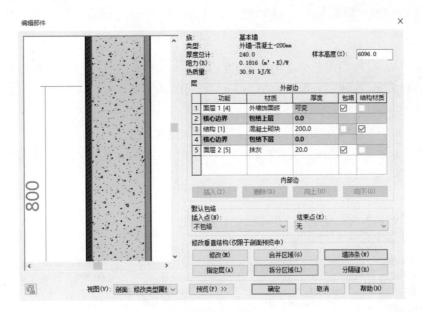

图 3-38 拆分区域

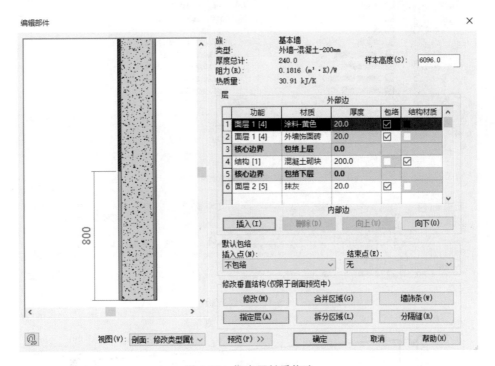

图 3-39 指定层材质修改

三、墙饰条的应用

墙饰条为墙体的装饰构件,在 Revit 软件中,墙饰条与分隔缝既可以单独添加,也可以通过墙体的"类型属性"对话框统一设置。墙饰条的实例包括沿着墙底部设置的踢脚板、沿墙顶的冠顶饰,散水也属于墙饰条的范畴。现以"散水"为例分解墙饰条的创建步骤。

1. 步骤 1

通过创建轮廓族的形式绘制散水构件。

在应用程序菜单中,选择"新建"→"族",弹出"新族-选择样板文件"对话框,选择"公制轮廓"族样板文件,单击"打开(O)"按钮进入族创建环境，如图 3-40 和图 3-41 所示。

2. 步骤 2

单击"创建"选项卡中的"族类别和族参数" 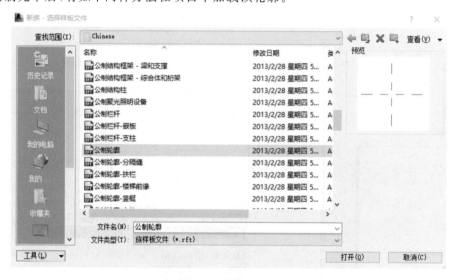，弹出"族类别和族参数"对话框，在族参数的"轮廓用途"值中选择"墙饰条"，单击"确定"按钮进入散水轮廓绘制界面。

3. 步骤 3

单击"创建"选项卡中"直线"命令，按图 3-42 所示的散水轮廓参数进行绘制。选择"应用程序菜单"→"保存"，将族文件命名为"1000 宽散水轮廓.rfa"后保存。保存完成后单击"修改"选项卡下的"载入到项目中"按钮，如图 3-43 所示。

4. 步骤 4

散水轮廓绘制完毕后，有如下两种方法在项目中加载该轮廓。

图 3-40　公制轮廓的选择

图 3-41　绘制面板

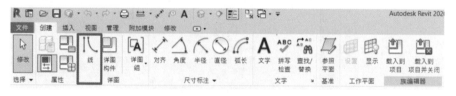

图 3-42　散水的轮廓

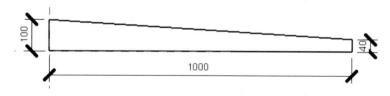

图 3-43　族载入到项目中

（1）方法 1：选择"建筑"→"墙：饰条"，进入"修改｜放置 墙饰条"上下文关联选项卡。单击"属性"选项板中的"编辑类型"按钮，在"檐口"族基础上单击"复制（D）…"按钮，单击"重命名（R）…"按钮重命名为"1000 宽散水"。在"类型参数"中设置轮廓值，在下拉菜单中选择之前载入的轮廓"1000 宽散水轮廓"，如图 3-44 所示。材质设置按前面介绍的设置方法进行设置。单击"确定"按钮后进入三维视图，依次单击墙体的底边生成散水，如图 3-45 所示。至此，完成墙体散水的绘制。

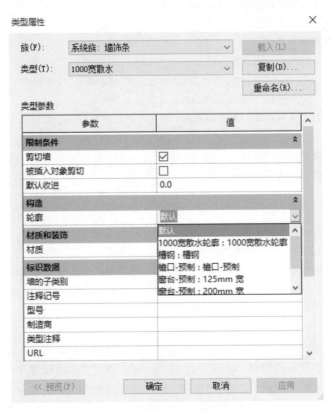

图 3-44　类型属性的设置

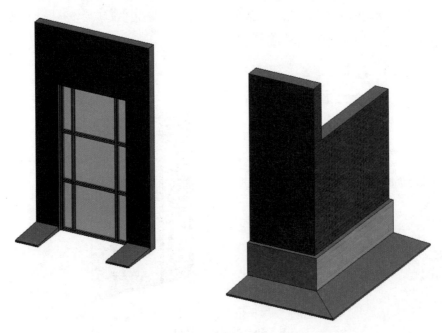

图 3-45　散水的绘制

注："类型属性"对话框中的各个参数以及相应的值的设置说明如下。

● 剪切值：用于指定在几何图形和主体墙发生重叠时，墙饰条是否会从主体墙中剪切掉几何图形。清除此参数会提高带有许多墙饰条的大型建筑模型的性能。

● 被插入对象剪切：用于指定门和窗等插入对象是否会从墙饰条中剪切掉几何图形。

● 默认收进：用于指定墙饰条从每个相交的墙附属件收进的距离。

● 轮廓：用于指定创建墙饰条的轮廓族。

● 材质：设置墙饰条的材质。

● 墙的子类别：默认情况下，墙饰条设置为墙的"墙饰条"子类别。在"对象样式"对话框中可以创建新的墙子类别，并随后在此选择一种类别，这样便可以使用"对象样式"对话框在项目级别修改墙饰条样式。

● 注释记号：添加或编辑墙饰条注释记号。在参数值文本框中单击打开"注释记号"对话框。

● 型号：墙饰条的模型类型。

● 制造商：墙饰条材质的制造商。

● 类型注释：用于指定建筑或设计注释。

● URL：指向网页的链接。

● 说明：墙饰条的说明。

● 部件说明：基于所选部件代码的部件说明。

● 部件代码：从层级列表中选择的统一格式的部件代码。

● 类型标记：用于指定特定墙饰条。对于项目中的每个墙饰条，此值都必须是唯一的。如果此值已被使用，Revit软件会发出警告信息，但允许继续使用它，可以利用"查阅警告信息"工具查看警告信息。

● 成本：建造墙饰条的材质成本，此信息可包含于明细表中。

（2）方法2：选中需要设置散水的墙体，如图3-46所示。在"属性"选项板中单击"编辑类型"按钮，进入"类型属性"对话框，单击"结构"参数右侧的"编辑…"按钮，进入墙体结构层"编辑部件"对话框。单击"预览"按钮，视图设为"剖面"。单击"修改垂直结构（仅限于剖面预览中）"选项组的"墙饰条（W）"按钮，进入"墙饰条"添加面板。单击"添加"按钮，在"轮廓"项将"默认"改为"1000宽散水轮廓"，散水在墙体底部，同时在墙体外部，如图3-47所示。散水材质按上一模块的设置方法进行操作。依次单击"确定"按钮后，进入项目绘图界面，之前所选择的墙体自动在墙体底部生成散水构件，如图3-48所示。

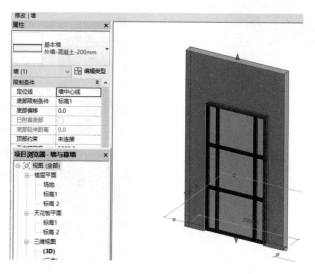

图 3-46　墙体的属性设置

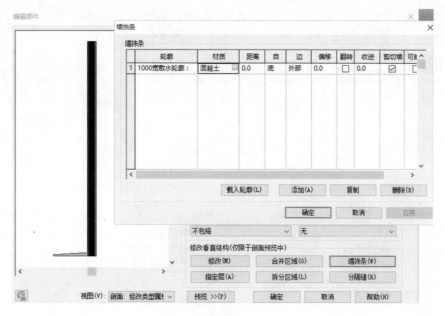

图 3-47 墙饰条的添加

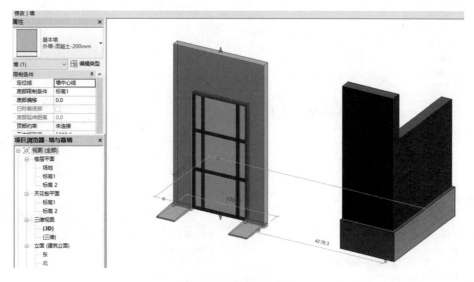

图 3-48 项目绘图界面

方法 2 中所创建的散水构件和墙体形成整体,而方法 1 中的散水可单独设置,与墙体并非为一个整体。

四、分隔缝的应用

墙体分隔缝是墙体中装饰性裁切部分,可以在三维或立面视图中添加墙体分隔缝。分隔缝可以是水平的,也可以是垂直的。其创建方法与墙饰条相似,也可以通过两种方法创建,此处不再赘述。

分隔缝在创建时需注意以下两个问题。

(1)在 Revit 软件中如果没有实际需要的分隔线族,则需要从外部插入族或自创族,具体操作如下。

① 从外部插入族:选择"插入"→"载入族",如图 3-49 所示。打开"载入族"对话框,选择"轮廓"→"专项轮廓"→"分隔缝",按需要选取,如图 3-50 所示。

② 自创"分隔缝族":在应用程序菜单中选择"新建"→"族",打开"新族-选择样板文件"对话框,在其中选择"公制轮廓-分隔缝",如图 3-51 所示。

图 3-49　族的载入

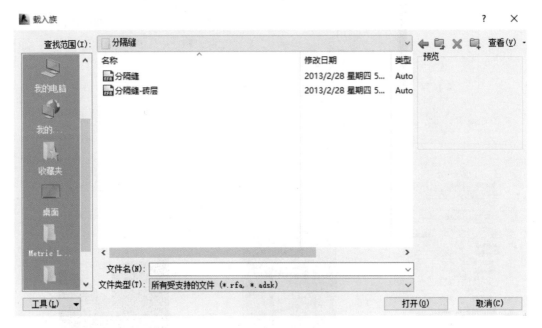

图 3-50　分隔缝的选择

图 3-51　公制轮廓-分隔缝

（2）在默认三维视图中添加分隔缝时，Revit 软件会自动显示已经添加分隔缝的轮廓，所以不必担心分隔缝高度的问题。

单元 3　疑难解答

问题 1　在绘制墙体时如何选取定位线？

答　在创建墙体时，软件提供的定位线有六种，分别为"墙中心线"、"核心层中心线"、"面层面：外部"、"面层面：内部"、"核心面：外部"、"核心面：内部"等，如图 3-52 所示。Revit 中的墙构件包括两个特殊的功能层："核心结构"和"核心边界"，用于界定墙的核心结构与非核心结构。"核心结构"指的是墙存在的条件，"核心边界"之间的功能层即是墙的核心结构，"核心边界"之外的功能层为"非核心结构"，如装饰层、保温层等辅助结构。在墙体绘制时，选择不同的定位线，所创建的墙体与参照平面的相交方式是不同的，如图 3-53 所示。

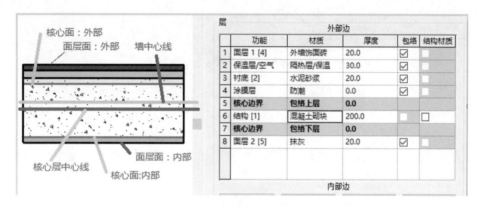

图 3-52　墙体定位线

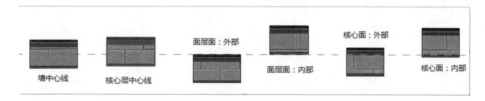

图 3-53　墙体不同定位线的显示

Revit 软件中的墙体有内外之分，因此绘制墙体选择顺时针绘制，保证外墙侧朝外，如果需要调整墙体的内外侧，则可按以下方法操作：选中绘制好的墙体，单击"翻转控件"，完成墙体方向的调整，或者选中绘制好的墙体，直接按空格键完成墙体的翻转。

问题 2　如何在墙体上开孔洞？

答　在墙体上开孔洞的方法主要有三种，分别为：利用墙洞口命令、编辑轮廓和空心构件开洞。

（1）墙洞口命令。

此命令适用于在直墙或弧形墙上开矩形洞口。具体操作如下：双击进入立面视图或三维视图，选择"建筑"→"洞口"→"墙"墙洞口命令，选中之前已经绘制的墙体，当呈现蓝线且在墙体上出现矩形框时表示已经选中，通过矩形框在墙体上拉出洞口，通过编辑墙体临时尺寸标注可以对墙体进行精确位置调整，如图 3-54 所示。

（2）编辑轮廓。

此方法仅适用于直墙开洞，但可创建各种形状的孔洞，具体操作步骤如下。

选中需要开洞的直墙，软件自动进入"修改｜墙"上下文关联选项卡，如图 3-55 所示。选择"模式"→"编辑轮廓"，进入"修改｜墙"→"编辑轮廓"，之前的选中的墙体仅呈现粉红色边界线，在"绘图"面板中选择矩形框，在粉红色边界线内会出矩形，如图 3-56 所示，单击模式面板中的 ✔ 按钮，完成墙体的开洞编辑。

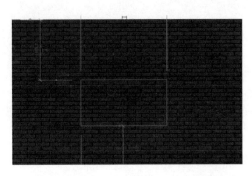

图 3-54　墙洞口命令的使用

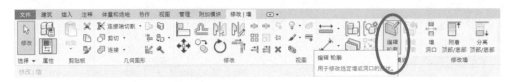

图 3-55　"修改｜墙"上下文关联选项卡

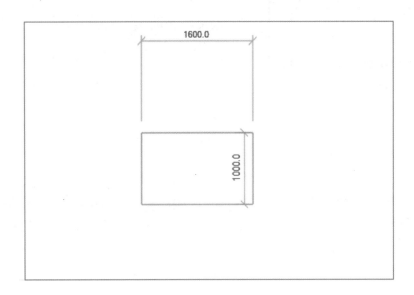

图 3-56　墙轮廓的编辑

注意：墙体洞口边线不能相交，必须是连续封闭的曲线。如果边线相交，软件会报错，如图 3-57 所示。

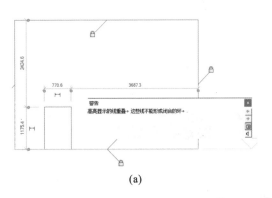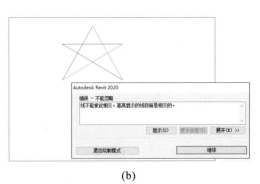

(a)　　　　　　　　　　　　　　　　(b)

图 3-57　警示的情况

（3）空心构件开洞。

空心构件开洞不仅适用于直墙,而且适用于弧形墙。此方法是利用空心构件族的形式在墙体上开孔洞。该空心构件族可以通过项目内建模型创建,也可通过外部新建族创建。下面以内建族为例介绍具体操作。

① 步骤1:选择"建筑"→"构建"→"构件"→"内建模型",如图3-58所示。在弹出的"族类别和族参数"对话框中选择"墙",单击"确定"按钮后弹出族名称,将其命名为"墙洞口",单击"确定"按钮进入族创建环境,如图3-59所示。

图 3-58 内建模型命令

图 3-59 族创建环境

② 步骤2:双击进入平面视图,选择"创建"→"形状"→"空心形状"→"空心拉伸",软件自动进入"修改｜创建空心拉伸"上下文关联选项卡,在"绘制"面板中选择"矩形"框,根据实际洞口平面尺寸,在墙体平面图中用矩形框绘制洞口,如图3-60(a)所示。单击✔,完成编辑模式。进入三维视图,选中完成的"空心拉伸"体,在"属性"选项板中,通过调整"限制条件"改变空心拉伸体的上下位置,通过临时尺寸调整其左右位置,如图3-60(b)所示。

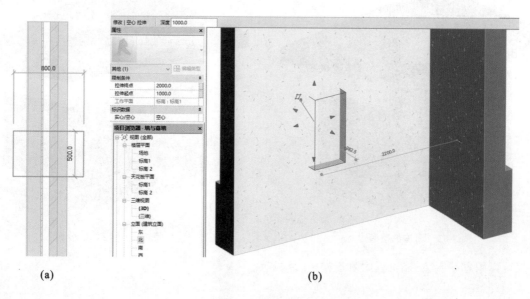

| (a) | (b) |

图 3-60 空心拉伸

③ 步骤 3：空心拉伸体与墙体进行剪切。

在族创建环境中选择"修改"→"几何图形"→"剪切"工具，选择要被剪切的墙体，选中空心拉伸体，完成剪切，墙体中完成开孔洞操作，如图 3-61 所示。

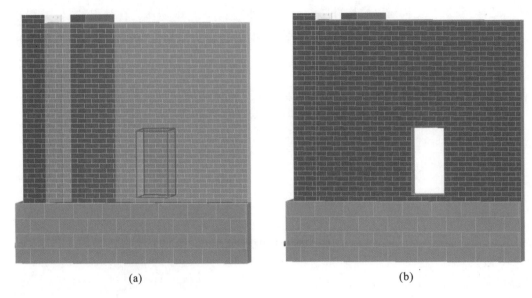

(a)　　　　　　　　　　　　　　　(b)

图 3-61　墙体的剪切

问题 3　如何将墙体附着于坡屋面？

答　可通过"附着 顶部/底部"、"分离 顶部/底部"命令来处理。

在平面图中任意绘制一段叠层墙及屋顶，选中需要编辑的墙体，在"修改｜叠层墙"上下文关联选项卡中，选择"附着 顶部/底部"，在选项栏中选择 附着墙：◉顶部 ○底部，单击屋顶，墙体自动附着在屋顶下，如图 3-62 所示。再次选择墙，单击"分离 顶部/底部"，再选择屋顶，墙体恢复原样，如图 3-63 所示。

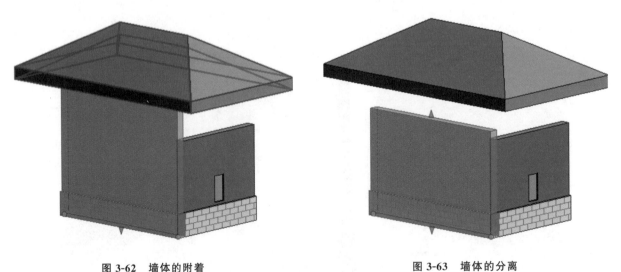

图 3-62　墙体的附着　　　　　　　　　　　图 3-63　墙体的分离

墙不仅可以附着于屋顶，还可以附着于楼板、顶板等。

单元 4　思考与提升

○　○　○

　　按照图 3-64 所示,新建项目文件,创建如下墙类型,并将其命名为"等级考试—外墙",之后,以标高 1 到标高 2 为墙高,创建半径为 5000 mm(以墙核心层内侧为基准)的圆形墙体。最终结果以"墙体"为文件名保存。

墙体模型

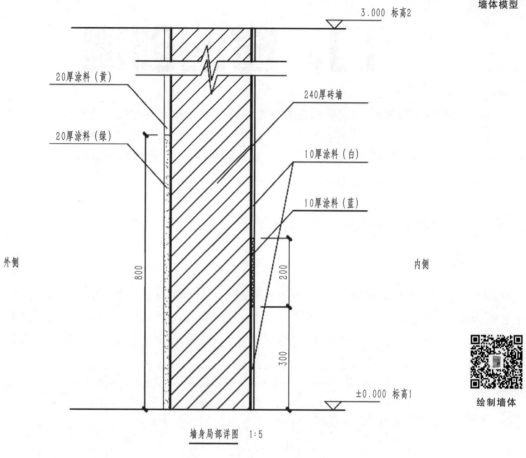

墙身局部详图　1:5

图 3-64　创建墙

绘制墙体

　　模型链接:具体操作步骤见网址 http://www.spdview.com/view/s? hash=19f77c27-94f1-44cb-9cba-18f9bdc6385f。

项 目 4

门、窗的创建

　　门、窗是房屋建筑的重要组成部分,是除墙之外的另一种被大量使用的建筑构件。在 Revit 建模中,门、窗依附于墙体存在,墙是门、窗的承载主体。在墙体中放置门、窗时,可以选用软件中自带的门窗族,也可以新建符合工程需求的特殊的门窗族,再载入项目中。对普通的门窗,则可直接通过修改门窗族的参数,如门窗的宽、高,以及材质等,以形成新的门窗类型。

单元 1　　案例分析

　　使用基于墙的公制常规模型族模板,创建符合图 4-1 所示的图纸要求的窗族,各尺寸通过参数控制。其中,窗的窗框断面尺寸为 60 mm×60 mm,窗的扇边框断面尺寸为 40 mm×40 mm,玻璃厚度为 6 mm,墙、窗框、窗扇边框、玻璃全部中心对齐,创建窗的平面、立面表达。最后将模型文件以"三扇窗.rfa"为文件名保存。

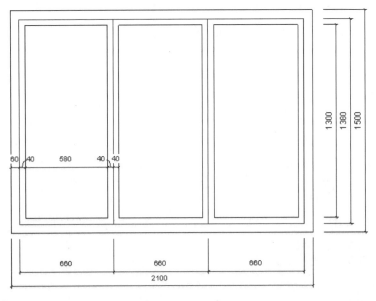

绘制三扇窗

平面图 1:10

图 4-1　创建窗

1. 门

（1）选择"建筑"→"构建"→"门"。

（2）使用快捷键：DR。

2. 窗

（1）选择"建筑"→"构建"→"窗"。

（2）使用快捷键：WN。

3. 参照平面

（1）选择"创建"→"基准"→"参照平面"。

（2）使用快捷键：RP。

4. 对齐尺寸标注

（1）选择"注释"→"尺寸标注"→"对齐"。

（2）使用快捷键：DI。

1. 步骤 1：创建窗族

打开 Revit 软件，在应用程序菜单中选择"新建"→"族"，弹出"新族-选择样板文件"对话框，选择"基于墙的公制常规模型"，单击"打开(O)"按钮进入窗族绘制界面，如图 4-2 和图 4-3 所示。

图 4-2 族样板的选择 　　　　　　　　　　　　　　图 4-3 族样板的显示

2. 步骤 2：绘制参照平面

在项目浏览器中打开"放置边"立面视图，选择"创建"→"基准"→"参照平面"，在立面视图中根据试题洞口尺寸进行初步定位，洞口尺寸在后期参数化后可任意调整，如图 4-4 和图 4-5 所示。

3. 步骤 3：对参照平面绘制的孔口标注尺寸

选择"注释"→"尺寸标注"→"对齐"命令，对参照平面形成的洞口进行标注，如图 4-6 所示，EQ 为平分。按两次 Esc 键退出标注命令，完成标注，如图 4-7 所示。

4. 步骤4：对洞口尺寸进行参数化设置

将光标移到洞口宽度值3000处，单击选中，界面中弹出"选项栏"，单击"标签"框，在下拉菜单中选择"〈添加参数…〉"，如图4-8所示，弹出"参数类型"对话框。在"参数数据"选项组的"名称（N）"栏输入"窗宽"，单击"确定"按钮，如图4-9所示。使用同样的方法，设置窗台高度和窗高，如图4-10和图4-11所示。选择"修改丨尺寸标注"→"属性"→"族类型" ，弹出"族类型"对话框。按实例中要求，将"窗高"改为1500，"窗宽"改为2100，"窗台高"设置为900，单击"确定"按钮，检查绘图界面中的洞口尺寸是否发生变化，如图4-12所示。

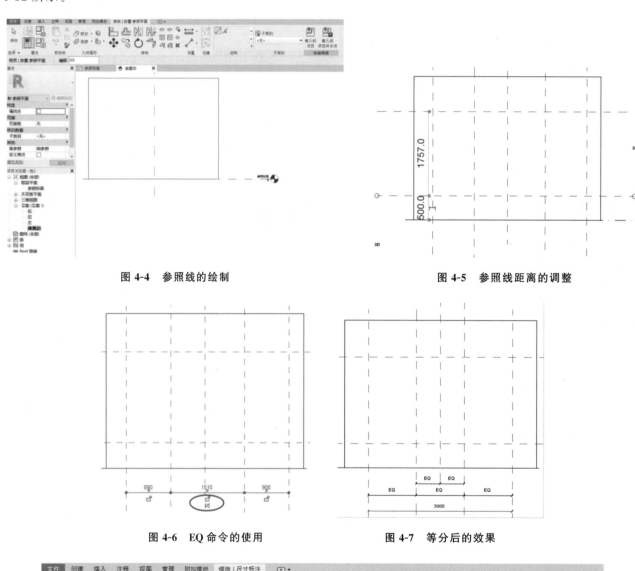

图4-4　参照线的绘制　　　　　　　　　　　　图4-5　参照线距离的调整

图4-6　EQ命令的使用　　　　　　　　　　　图4-7　等分后的效果

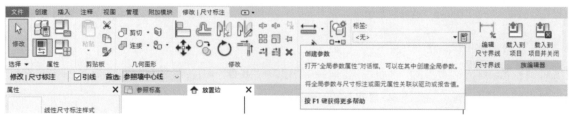

图4-8　参数的添加

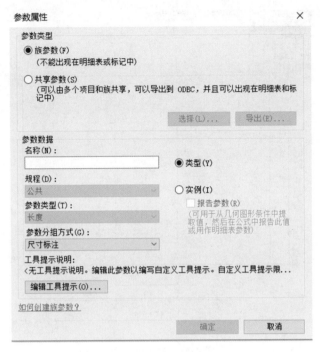

图 4-9 参数名称的设置

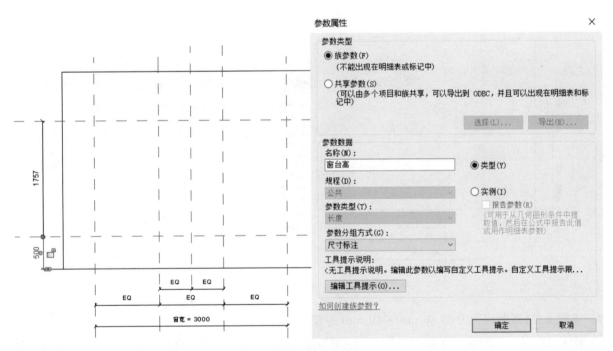

图 4-10 添加族参数

5. 步骤 5:墙体开洞

选择"修改"→"属性"→"族类别和族参数"，在弹出的"族类别和族参数"对话框中,选择"族类别(C)"为
"窗",单击"确定"按钮,如图 4-13 所示。选择"创建"→"模型"→"洞口"命令,然后选择"修改丨创建洞口边界"
→"绘制"→"矩形"命令,沿着洞口尺寸边线绘制矩形,如图 4-14 所示。各边线锁定(锁定后可以通过参照平面
来控制洞口的尺寸变化),即关联后,单击"完成编辑模式"，单击快捷工具栏中的三维视图图标，然后单击
绘图界面中"视图控制栏"中的视图样式，选择"着色",查看墙体开洞情况,如图 4-15 所示。

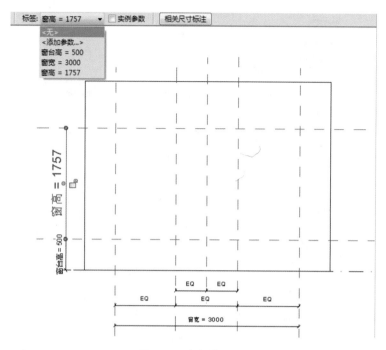

图 4-11　参数的显示

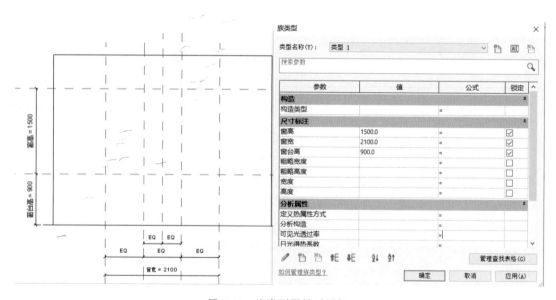

图 4-12　族类型属性对话框

6. 步骤6：创建断面尺寸为 60 mm×60 mm 的窗框

在项目浏览器中双击楼层平面下的"参照标高"，进入墙体平面视图。选择"创建"→"工作平面"→"设置"，为当前视图或图元指定工作平面，在弹出的"工作平面"对话框中选中"拾取一个平面（P）"后单击"确定"按钮，如图 4-16 所示。单击选择墙的中心线作为创建窗框的工作平面，在弹出的"转到视图"对话框中选择"立面：放置边"，单击"打开视图"，软件自动进入"放置边"立面视图，选择"创建"→"形状"→"拉伸"命令，在属性面板中的拉伸终点设置为 30，拉伸起点设置为 −30，窗框材质没有要求，故不设置，如图 4-17 所示。选择"绘制"→"矩形"命令，沿洞口绘制一个矩形。锁定矩形的四个边，如图 4-18 所示。将选项栏中的"偏移量"设置为 60（窗框内边线），如图 4-19 所示。单击"完成编辑模式"✔，完成窗框的绘制，进入三维视图进行观察，如图 4-20 所示。

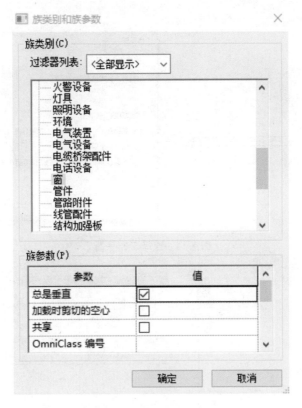

图 4-13　族类别的选择

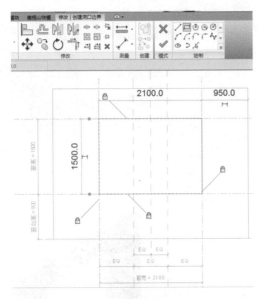

图 4-14　矩形洞口的绘制

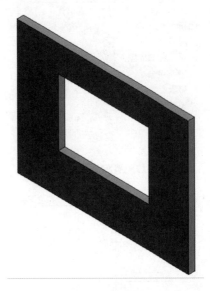

图 4-15　墙体开洞

7. 步骤 7：创建断面尺寸为 40 mm×40 mm 的窗扇边框

同步骤 6，双击项目浏览器中的"放置边"立面视图，选择"创建"→"拉伸"命令，在"属性"面板中将拉伸终点设置为 20，将拉伸起点设置为−20。选择"绘制"→"矩形"命令，沿窗框边绘制矩形，如图 4-21 所示。锁定矩形的四个边线，设置选项栏中的偏移量为−40，再绘制矩形，如图4-22所示。单击"完成编辑模式"✔，完成一侧窗扇边框的绘制。选择"修改"→"镜像"⋈命令，单击选择窗中间的轴线，完成窗扇边框的镜像，如图 4-23 所示。使用同样的方法绘制中间的窗扇，进入三维视图查看窗扇边框模型，如图 4-24 所示。

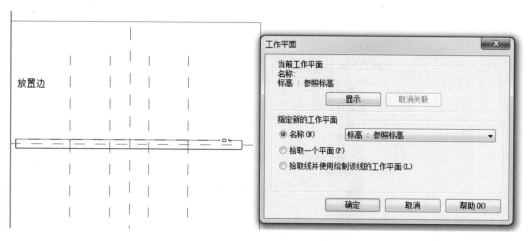

图 4-16   选择工作平面

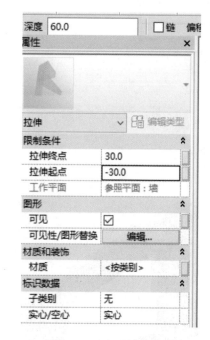

图 4-17   实例属性的设置

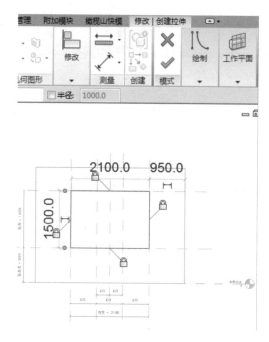

图 4-18   锁定洞口边

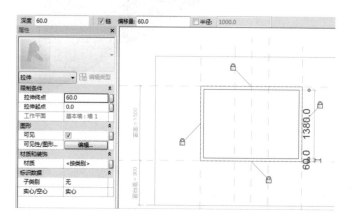

图 4-19   偏移量的使用

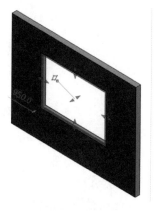

图 4-20   窗框的显示

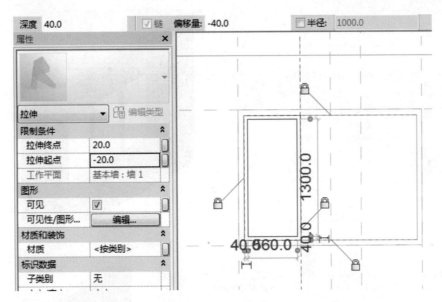

图 4-21　窗框边界的绘制

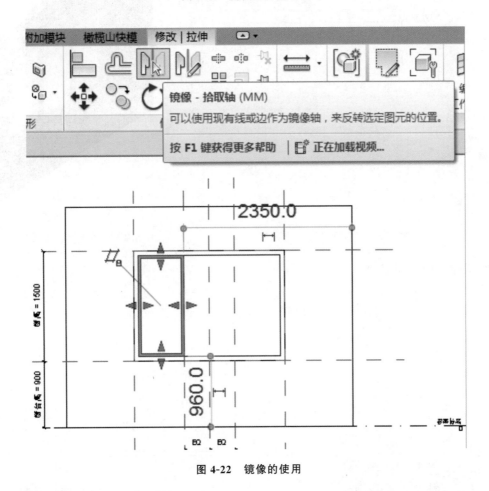

图 4-22　镜像的使用

8. 步骤 8：创建厚度为 6 mm 的玻璃

同步骤 6，进入立面视图。选择"创建"→"拉伸"命令，在"属性"面板中将拉伸终点设置为 3 mm，将拉伸起点设置为－3 mm，将材质设置为玻璃。选择"矩形"命令后沿着窗扇内边线绘制矩形，如图 4-25 所示，锁定各边线，通过镜像命令完成玻璃的创建，在三维视图中查看，如图 4-26 所示。

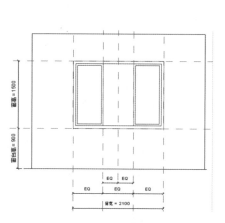

图 4-23　镜像的效果

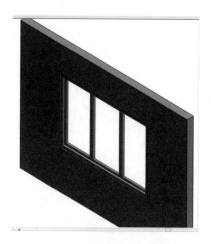

图 4-24　完成的窗扇

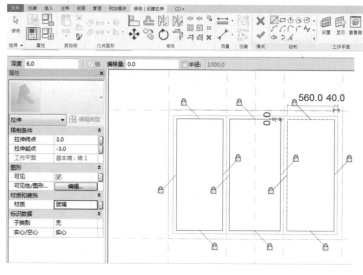

图 4-25　绘制窗玻璃

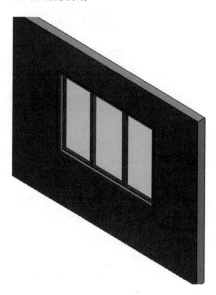

图 4-26　完成的窗

9. 步骤9：创建窗的立面表达

进入窗的"放置边"立面视图，选择"注释"→"尺寸标注"→"符号线"命令，然后选择"修改丨放置符号线"→"子类别"→"隐藏线［截面］"，按照本项目开始的题目中的图形绘出符号线，如图 4-27 所示。

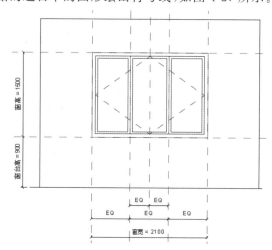

图 4-27　窗立面的表达

10. 步骤 10：创建窗的平面表达

双击楼层平面中的"参照标高"，进入窗的平面视图，框选墙体，单击"过滤器"，弹出如图 4-28 所示的"过滤器"对话框，在其中先单击"放弃全部(N)"按钮，重新选中"其他"复选框。在"属性"面板中单击"可见性/图形替换"，弹出"族图元可见性设置"对话框，在对话框中取消"平面/天花板平面视图"、"当在平面/天花板平面视图中被剖切时(如果类别允许)"，如图 4-29 所示。选择"注释"→"符号线"，选择"绘制"→"矩形"命令，沿墙体中的窗洞边线绘制矩形，并锁定各边线。用直线命令在矩形框内绘制两条直线并锁定，如图 4-30 所示。选择"注释"→"对齐"命令，对窗洞内刚绘制的直线进行标注，如图 4-31 所示。将该族命名为"三扇窗"后保存。

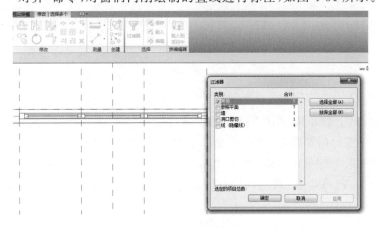

图 4-28 过滤器的使用　　　　　　　　　图 4-29 族图元可见性设置

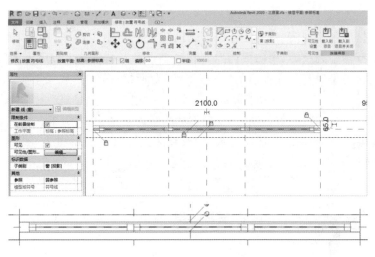

图 4-30 符号线的绘制

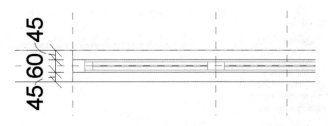

图 4-31 窗洞的标注

11. 步骤 11：窗族检查

新建一个项目，并将"双扇窗"族载入项目中，在新建的项目中任意绘制一段墙体。选择"建筑"→"构件"→"窗"命令，在"属性"面板中找到之前载入的窗族"三扇窗"，在墙体中适当位置单击放置窗，如图 4-32 所示。

图 4-32　放置窗

三扇窗模型

至此，完成三扇窗族的创建。

模型链接：具体操作步骤见网址 http://www.spdview.com/view/s? hash＝ef00a5f1-a6ab-429b-b1db-32a284ab89f6。

单元 2　知识扩展

在 Revit 软件中，门、窗必须有墙作为主体，即门、窗不能独立于墙体而单独存在于房屋建筑中。门与窗的创建、编辑方法相似。常规的门、窗只需要选择需要的门窗类型，然后在墙体上单击捕捉插入点位置即可放置，而且在平面视图、立面视图、剖面视图以及三维视图中均可在墙体上放置门窗，门、窗会自动剪切墙体放置。

如果软件建模中没有工程所需要的门窗类型，则可通过"载入族"命令从族库中选择所需的门窗族或自建门窗族，然后载入项目中使用。

一、在墙体中插入"双扇防火门"

在墙体中插入"双扇防火门"的具体操作步骤如下。

打开软件，双击进入楼层平面视图"标高 1"，在绘图区域任意绘制一墙体，选择"建筑"→"门"命令，在"属性"面板的"门"的类型选择器中查找"双扇防火门"，"门"类型选择器中没有工程所需的门类型，如图 4-33 所示。在"属性"面板中单击"编辑类型"按钮，在弹出的"类型属性"对话框中单击"载入"命令，弹出"打开"对话框，在其中可以打开 Revit 软件自带族库，如图 4-34 所示。依次打开"消防"→"建筑"→"防火门"文件夹，选中"双扇防火门"后打开，即载入项目中，如图 4-35 所示。复制创建工程所需防火门，并对防火门的实例参数和类型参数进行设置，见表 4-1 和表 4-2。在墙体的合适位置放置"双扇防火门"，如图 4-36 所示。

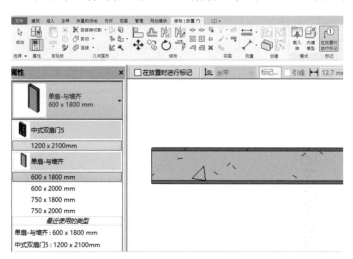

图 4-33　门类型

注：当载入门族后，首先要在"类型属性"对话框中复制族类型。

图 4-34 族库的载入

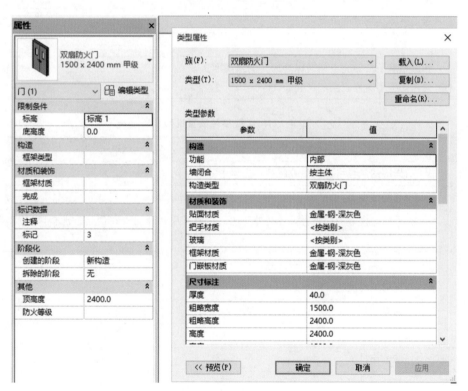

图 4-35 防火门属性的设置

在属性选项板中,门实例参数设置说明如下,详细了解其中参数的意义,能够更好地设置门图元。

表 4-1 属性选项板中门实例参数设置说明

名　称		说　明
限制条件	标高	指明放置此实例的标高
	底高度	指定相对于放置此实例的标高的底高度。 修改此值不会修改实例尺寸

名 称		说 明
构造	框架类型	指定门框类型。 可以输入值或从下拉列表中选择以前输入的值
材质和装饰	框架材质	指定框架使用的材质。 可以输入值或从下拉列表中选择以前输入的值
	面层	指定应用于框架和门的面层。 可以输入值或从下拉列表中选择以前输入的值
标识数据	注释	显示用户输入或从下拉列表中选择的注释。 输入注释后，便可以为同一类别中图元的其他实例选择该注释，无须考虑类型或族
	标记	按照用户所指定的那样标识或枚举特定实例。 对于门，该属性通过为放置的每个实例按 1 递增标记值，来举某个类别中的实例。例如，默认情况下在项目中放置的第一个门的标记值为 1。接下来放置的门的标记值为 2，无须考虑门类型。如果将此值修改为另一个门已使用的值，则 Revit 软件将发出警告，但仍允许用户继续使用此值。接下来，将为所放置的下一个门的标记属性指定为下一个未使用的最大数值
阶段化	创建的阶段	指定创建实例时的阶段
	拆除的阶段	指定拆除实例时的阶段
	其他	—
	顶高度	指定相对于放置此实例的标高的实例顶高度。 修改此值不会修改实例尺寸

表 4-2　门类型参数设置说明

名 称		说 明
构造	墙闭合	门周围的层包络。此参数将替换主体中的任何设置
	构造类型	门的构造类型
	功能	指示门是内部的（默认值）还是外部的。功能可用在计划中并创建过滤器，以便在导出模型时对模型进行简化
材质和装饰	门材质	门的材质（如金属或木质）
	框架材质	门框架的材质
尺寸标注	厚度	门的厚度
	高度	门的高度
	贴面投影外部	外部贴面投影
	贴面投影内部	内部贴面投影
	贴面宽度	门贴面的宽度
	宽度	门的宽度
	粗略宽度	可以生成明细表或导出
	粗略高度	可以生成明细表或导出
标识数据	注释记号	添加或编辑门注释记号。在值框中单击，打开"注释记号"对话框
	模型	门的模型类型的名称
	制造商	门的制造商名称
	类型注释	关于门类型的注释。此信息可显示在明细表中

续表

名　　称		说　　明
标识数据	URL	设置到制造商网页的链接
	说明	提供门说明
	部件说明	基于所选部件代码的部件说明
	部件代码	从层级列表中选择的统一格式部件代码
	类型标记	此值指定特定的门类型。对于项目中的每个门类型,此值必须是唯一的。如果此值已被使用,Revit 软件会发出警告信息,但允许用户继续使用它。可以使用"查阅警告信息"工具查看警告信息
	防火等级	门的防火等级
	成本	门的成本
	OmniClass 编号	OmniClass 构造分类系统(能最好地对族类型进行分类)的表 23 中的编号
	OmniClass 标题	OmniClass 构造分类系统(能最好地对族类型进行分类)的表 23 中的名称
IFC 参数	操作	由当前 IFC 说明定义的门操作(例如,single_swing_left 或 double_door_double_swing)。这些值不区分大小写,而且下划线是可选的(SINGLE_SWING_LEFT 和 SingleSwingLeft 是相同的)
分析属性/分析构造	传热系数(U)	用于计算热传导,通常通过流体和实体之间的对流和阶段变化
	热阻(R)	用于测量对象或材质抵抗热流量(每时间单位的热量或热阻)的温度差
	太阳得热系数	阳光进入窗口的入射辐射部分,包括直接透射和吸收后在内部释放两部分
	可见光透射比	穿过玻璃系统的可见光量,用百分比表示

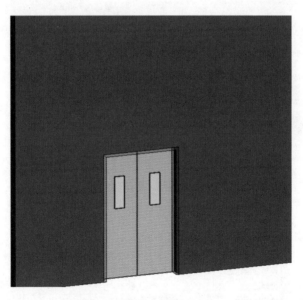

图 4-36　插入双扇防火门

二、标记门、窗

对附着于墙体的门、窗进行标记,有如下三种操作方法。

1. 方法 1

选择"建筑"→"门"命令,在"属性"面板中对"门"进行实例参数和类型参数的设置,放置前需选择"修改 | 放置门"→"在放置时进行标记",如图 4-37 所示。图 4-37 中显示了选项栏中带引线和不带引线的标记的情况,最后在墙体合适位置放置门。

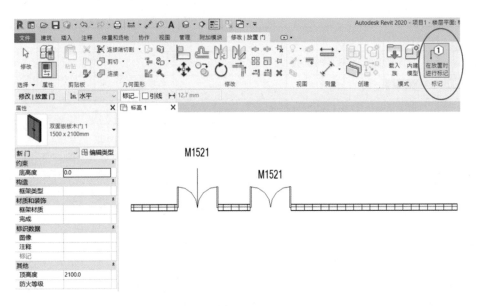

图 4-37　门的标记

2. 方法 2

选择"注释"→"标记"→"按类别标记"，如图 4-38 所示。将光标移至需要标记的门窗构件上，单击标记。

图 4-38　按类别标记

3. 方法 3

选择"注释"→"标记"→"全部标记"，在弹出的"标记所有未标记的对象"面板中选择"门标记"，如图 4-39 所示，单击"确定"按钮后完成标记。

图 4-39　标记类别

在放置门窗前，如果没有选择"在放置时进行标记"，则可选择方法 2 或方法 3。

三、修改门、窗标记名称

如果要将门、窗的类型标记名称改成族名称，可以按以下方法进行操作。

选择需要修改的门标记名称，如图 4-40 所示。选择"修改 | 门标记"→"编辑族"命令，软件进入族编辑环境。单击选中绘图界面中的"类型标记"名称，如图 4-41 所示。选择"修改 | 标签"→"编辑标签"命令，在弹出的"编辑标签"对话框中，删除"类型标记"标签参数，在"类别参数"选项组中重新选择"族名称"作为新的标签参数，如图 4-42 所示，单击"确定"按钮后，标签参数改成"族名称"。单击"载入到项目中"，选择之前建立的项目，在项目绘图界面中会弹出"族已存在"报警对话框，选择"覆盖现有版本"，从而门的标记名称转换成"族名称"，如图 4-43 所示。

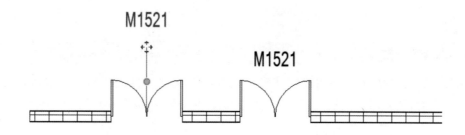

图 4-40　选择门标记

图 4-41　修改标签

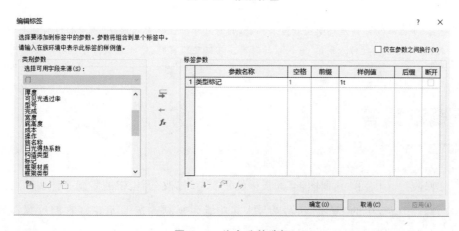

图 4-42　族名称的选择

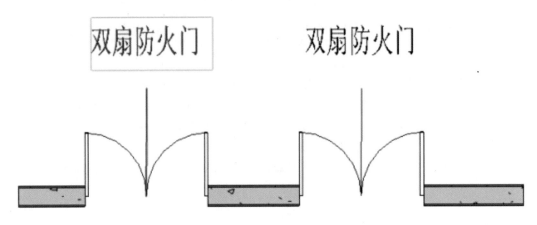

图 4-43　族名称的显示

四、门、窗尺寸标注 ▼

放置门、窗时，根据临时尺寸可能很难快速定位放置，则可通过大致放置后，调整临时尺寸标注来精确定位。如果放置门、窗时，其开启方向放反了，则可先选择门、窗，通过"翻转控件" ⬆⬇ 来调整或直接按空格键来进行调整。

对于门、窗的放置，可调整临时尺寸的捕捉点。具体操作为：选择"管理"→"设置"→"其他设置"→"临时尺寸标注"，弹出"临时尺寸标注属性"对话框，按工程实际情况进行设置，如图4-44所示。

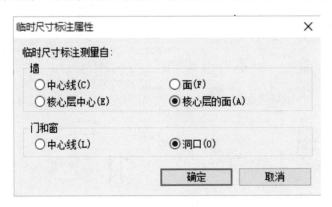

图 4-44　临时尺寸标注属性

> 注：对于"墙"，选择"中心线"后，则在墙周围放置构件时，临时尺寸标注会自动捕捉"墙中心线"；对于门、窗，则设置成"洞口"，表示门、窗放置时，临时尺寸捕捉的为到门、窗洞口的距离。在放置门窗时，输入"SM"，可自动捕捉到中点插入。

单元3　疑难解答
○　○　○

问题 1　　"修改"选项卡下"几何图形"面板中的复制与"修改"面板中的复制有什么区别？

答　　　"修改"面板中的"复制"符号为 ⬡，其功能为复制选定图元并将它们放置在当前视图中指定的位置。"几何图形"面板中的"复制到剪贴板"符号为 🗐，其功能为将选定图元复制到剪贴板。图元复制到剪贴板后,使用"粘贴"工具![icon]将复制的图元粘贴到当前视图、其他视图或另一个视图中。

由此可见,复制的两种方式所使用的范围是不一样的,"修改"面板中的"复制"命令仅适用于同一视图中,如"建筑一层平面视图"中所复制创建的墙体只能粘贴在"一层平面视图"中,而不能跨越复制到二层平面视图中。"几何图形"面板中的"复制到剪贴板"命令适用于粘贴至不同项目、视图中的任意位置。故如果要将一层平面视图中的全部构件复制到上一层,需要用"几何图形"面板中的"复制到剪贴板"命令。

问题 2 当门、窗放置在两面不同厚度(200 mm 与 400 mm 为例)的墙中间,门、窗附着的主体是哪面墙?

答 在放置门窗时,门、窗会默认的拾取墙体,但是门、窗只能附着在单一的墙体上,以"门"为例,其具体操作如下。

选中"门",选择"修改 | 门"→"主体"→单击"拾取主要主体",选择要放置门的墙体,如图4-45所示。

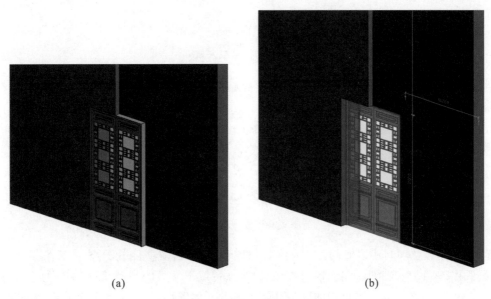

(a)   (b)

图 4-45 门附着到墙体上

注:"拾取新主体"可使门窗脱离原本放置的墙上,重新捕捉到其他的墙上。

问题 3 Revit 软件中的族有哪几种,如何使用?

答 Revit 软件中主要有三种族类型,分别为系统族、可载入族、内建族。在项目中创建的大多数图元都是系统族或可载入族。可以通过组合可载入族来创建嵌套和共享族。非标准图元或自定义图元是使用内建族创建的。

(1)系统族:系统族可以创建要在建筑现场装配的基本图元,如墙体、屋顶、天花板、楼板、风管等。能够影响项目环境且包含标高、轴网、图纸和视口类型的系统设置也是系统族。系统族是在 Revit 软件中预定义的,用户不能将其从外部文件中载入项目中,也不能将其保存到项目之外的位置,只能在项目内进行修改编辑,如图4-46 所示。

图 4-46 系统族

（2）可载入族：具有高度可自定义的特征，可用该族创建窗、门、家具、植物、卫浴设施等构件。与系统族不同的是，可载入族是在外部 rfa 文件中创建的，可载入项目中使用。项目文件中的可载入族也可以单独保存出来重复使用。

将该族载入项目中有如下两种情况。

① 在放置门、窗等构件时，软件内未找到适用的，则可从 Revit 软件族库中载入，具体操作方法为：选择"插入"→"从库中载入"→"载入族"，如图 4-47 所示。

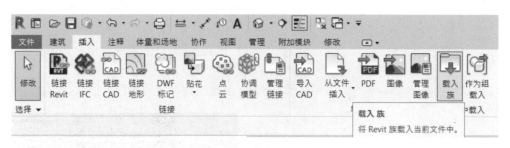

图 4-47　可载入族

② 当软件族库中没有合适的建筑构件，可通过新建族命令创建实用的建筑构件，并通过"载入到项目中"将建好的族文件载入项目中，如图 4-48 所示。

图 4-48　族载入项目中

（3）内建族：内建族在项目中以族的形式存在，但只能存在于当前项目中，不能将其保存为外部族文件。内建族的应用范围主要有以下几种：①斜面墙或锥形墙；②独特或不常见的几何图形，如非标准屋顶；③不需要重复利用的自定义构件；④必须参照项目中的其他几何图形的几何图形；⑤不需要多个族类型的族。

内建族创建的具体操作为：选择"建筑"→"构建"→"构件"→"内建模型"，如图 4-49 所示。

图 4-49　内建族

在创建模型时，内建族操作仅在必要时使用，如果项目中有许多内建族，将会增加项目文件的大小，占用更多内存，从而降低系统的性能。一般建议尽量采用可载入族。

问题 4　窗类型选择器中没有找到刚载入项目的窗族，怎么处理？

答　如果载入族后，没有在相应的族类别下找到，则要确定族类别的设置是否正确。Revit 软件中，在创建族图元时先要选用正确的族样板并设置正确的族类别，如图 4-50 所示。

要确认族类别，需打开族文件，选择"创建"→"族类别和族参数"，在弹出的"族类别和族参数"对话框中即可查看当前的族类别。此处选择族类别为"窗"，单击"确定"按钮并载入项目中，则可在项目的窗类型选择器中找到所需的窗族图元，如图 4-51 所示。

图 4-50　族类别和族参数

图 4-51　窗族

注：这种修改族类别的方法可以让其出现在对应的族类别中，但是如果在创建之初未选择合适的族样板，即使修改族类别，但是族仍然有可能不具备正确的族功能，这时就只能选择合适的族样板后重新进行创建。

 问题 5　族参数中的"类型参数"和"实例参数"有什么区别？

答　Revit 软件有两种参数来控制族的外观和行为的属性："类型参数"和"实例参数"，二者的区别如下。

类型参数是同一类型的族所共有的参数，一旦类型参数的值被修改，则项目中所有该类型的族个体应相应改变。而仅影响个体、不影响同类型其他实例的参数称为实例参数。例如，创建一个长方体族，并对长方体的长、宽、高进行参数关联，将长方体的长、宽设置为类型参数、高设置为实例参数，如图4-52所示。

　　将建好的长方体载入项目中，并在绘图界面中任意位置放入三个长方体。单击选中一个长方体后，对其进行参数编辑，如图4-53所示。

　　长方体的类型参数，长改为1000 mm，宽改为5000 mm，观察项目中的长方体发现，对其中一个长方体进行类型参数调整时，所有长方体的长、宽尺寸同时发生了改变。

　　如果只调整长方体的实例参数，如高的数值由700 mm改为2000 mm，则仅选中的长方体的高发生了变化，如图4-54所示。

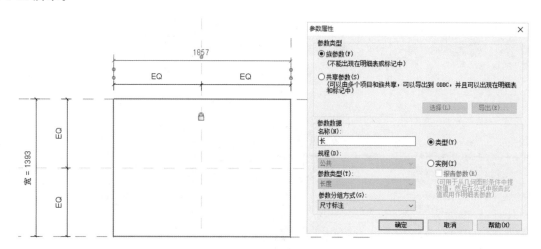

图4-52　族参数设置

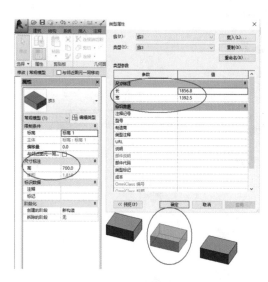

图4-53　参数的编辑

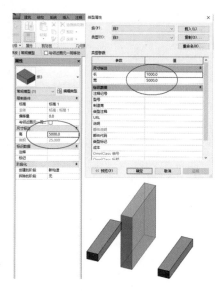

图4-54　参数的调整

　　所以，在规划族参数时，应考虑族参数的用途，以便决定是采用"类型参数"还是"实例参数"。以"窗"族为例，通常相同的尺寸都可以归为同一类型，所以窗的宽度和高度一般采用类型参数。但窗台高度则用实例参数更为合适，因为同一个尺寸规格的窗，其窗台高度可能不一样，如果把窗台高度也使用类型参数来控制，那么一旦项目中有任何一个同尺寸规格类型的窗的窗台高度有变化，就必须多产生一个类型出来，这无疑增加了我们的工作量。

问题6　模型对象的ID有何作用？

答　Revit软件中的每一个模型对象都有自己单独的ID，同一个文件中，每一个对象都有唯一的

ID,就像一个人的身份证一样,因此在 BIM 等级考试中试卷是否雷同,马上就可以通过图元的 ID 进行判断。同时也可以利用模型 ID 的唯一性,对设备管线进行碰撞检查,如图 4-55 所示。

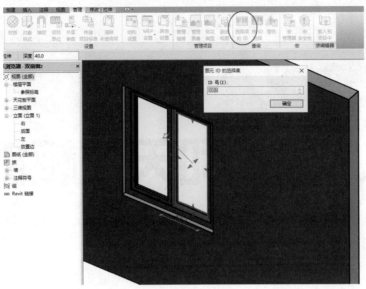

图 4-55　模型的 ID

单元 4　思考与提升

○　○　○

根据给定的尺寸标注建立"百叶窗"构建集。

(1) 按图 4-56 中的尺寸建立模型。

(2) 所有参数采用图 4-56 中参数名字命名,设置为类型参数,扇叶的个数可以通过参数控制,并对窗框和百叶窗的百叶赋予合适材质,将模型文件以"百叶窗"为文件名保存。

(3) 将完成的"百叶窗"载入项目中,插入到任意墙面中观察效果。

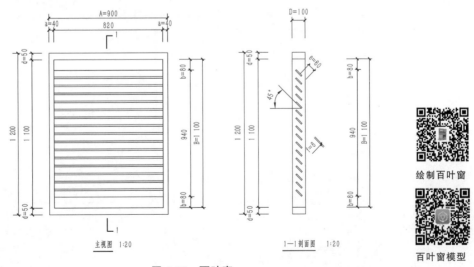

绘制百叶窗

百叶窗模型

图 4-56　百叶窗

模型链接:具体操作步骤见网址 http://www.spdview.com/view/s? hash=8b6330ae-7f7f-492e-b876-640b9db84c94。

楼板、屋顶和天花板的创建

单元 1 　 楼板的案例分析

　　楼板是建筑结构中重要的结构构件,主要用于分隔建筑各层空间。Revit Architecture 中主要提供了三种楼板——"楼板:建筑""楼板:结构""面楼板"。其中,建筑楼板与结构楼板的用法没有任何区别,仅在功能上有区别。结构楼板是为方便在楼板中布置钢筋、进行受力分析等结构专业应用而设计的,提供了钢筋保护层厚度等参数,而建筑楼板并没有涉及结构分析。Revit 软件中的面楼板主要用于将概念体量模型中的楼层面转换为楼板模型图元,故面楼板只能用于由体量创建的楼板模型。同时,Revit 软件还提供了楼板边缘工具,用于创建基于楼板边缘的建筑构件图元,如檐口、台阶等。

■ **例 5-1**　　根据图 5-1 中给定的尺寸及详图大样新建楼板,顶部所在标高为±0.000,命名为"阳台楼板",构造层保持不变,水泥砂浆层进行放坡,并创建洞口。将模型以"阳台楼板"为文件名保存。

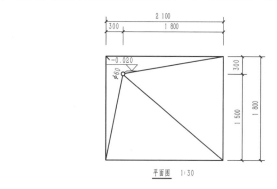

平面图　1:30

绘制阳台楼板

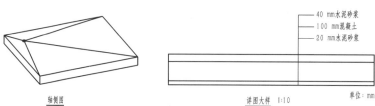

轴侧图　　　　　　　　详图大样　1:10　　　　　　　单位:mm

图 5-1　阳台楼板

━━━ **一、建模命令调用** ▼

　　建筑楼板的命令调用有如下两种方法。

（1）选择"建筑"→"构建"→"楼板"→"建筑：楼板"。

（2）快捷键：可自行定义，具体操作如下。

选择"视图"→"窗口"→"用户界面"→"快捷键"，在弹出的"快捷键"对话框中找到并单击"楼板：建筑"，在"新建"文本框中输入字母来指定快捷键。

二、实例操作 ▼

1. 步骤1：复制创建新的楼板类型

选择"建筑"→"构建"→"楼板"→"建筑：楼板"进入楼板绘制功能区。在"属性"面板中单击"编辑类型"按钮，在"类型（T）"下拉菜单中选择"常规-150 mm"，单击"复制（D）…"按钮，创建新的楼板类型，命名为"阳台楼板"。单击"结构"参数右侧的"编辑…"按钮，进入"编辑部件"对话框，如图5-2所示。

2. 步骤2：对楼板结构层进行设置

光标移至序号列，选择"核心边界"内的"结构[1]"整行，单击两次"插入（I）"按钮，将"结构[1]"分别改名为"面层1[4]"和"面层2[5]"，并分别移至"核心边界"外。根据实例题目要求，"面层1[4]"厚度设置为40 mm，"结构[1]"厚度设置为120 mm，"面层2[5]"厚度设置为20 mm。单击面层后的"材质"项，打开材质浏览器面板。在搜索栏中输入"水泥砂浆"，找到后双击该项，对"面层1[4]"和"面层2[5]"进行赋值。单击"结构[1]"对应的"材质"项，进入"材质浏览器"面板，在搜索栏中输入"混凝土"，项目材质中没有找到此材料，需要新建。单击面板下方的新建材质 按钮，右击并重新命名为"混凝土"。单击资源浏览器符号 ，在搜索栏中输入"混凝土"，双击混凝土材料进行赋值，如图5-3所示。在"编辑部件"对话框中选中"面层1[4]"中的"可变"复选框，如图5-4所示，依次单击"确定"按钮后进入绘图界面。

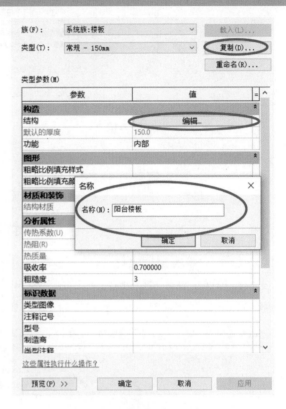

图5-2　类型名称的更改

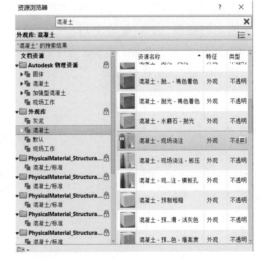

图5-3　新建材质

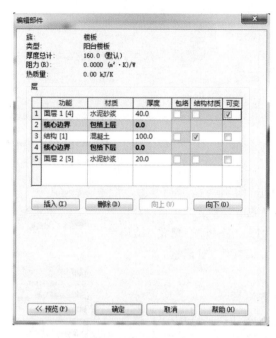

图 5-4　功能层的更改

3. 步骤 3：绘制楼板边界

选择"修改 | 创建楼层边界"→"绘制"→"矩形"命令，如图 5-5 所示。在绘图界面中任意绘制一个矩形，单击临时尺寸，将宽设置为 1800，长设置为 2100，如图 5-6 所示。单击 ✔ 按钮，完成楼板边界绘制。

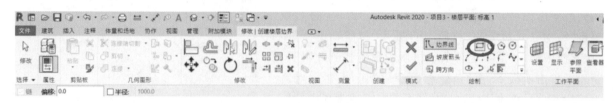

图 5-5　选择绘制矩形命令

4. 步骤 4：楼板中添加点

选择"建筑"→"工作平面"→"参照平面"。根据实例题目要求，为楼板添加点进行定位，如图 5-7 所示。选择刚绘制的楼板，选择"修改 | 楼板"→"添加点" △ 添加点 命令，在定位点放置添加点，如图 5-8 所示。按一次 Esc 键，退出添加点命令，进入修改子图元命令。单击定位点处的添加点，输入标高值－20，如图 5-9 所示。再按一次 Esc 键，退出楼板编辑。

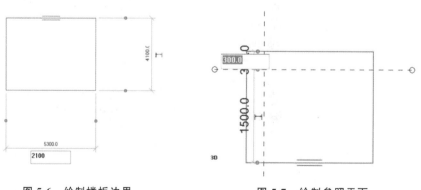

图 5-6　绘制楼板边界　　　　　　　图 5-7　绘制参照平面

 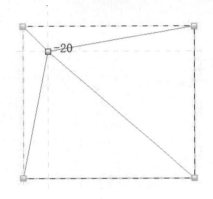

图 5-8　放置添加点　　　　　　　图 5-9　修改子图元

5．步骤 5：楼板中开洞口

双击进入标高 1 楼层平面图，选择"建筑"→"洞口"→"垂直"命令，选择要开洞的楼板。选择"绘制"→"圆形"命令，在定位点处绘制半径为 30 的圆，如图 5-10 所示。单击 ✔ 按钮，完成楼板的创建。进入三维显示进行检查，如图 5-11 所示。选择"文件"→"保存"命令，将模型以"楼板"为文件名保存。

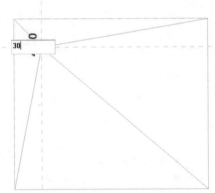

图 5-10　绘制圆形洞口

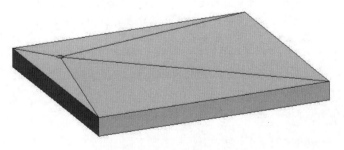

阳台楼板模型

图 5-11　楼板三维图显示

模型链接：具体操作步骤见网址 http://www.spdview.com/view/s? hash＝b532f506-4957-4c10-b781-7cd2c5d43e7d。

注：楼板实例参数说明见表 5-1。

表 5-1　楼板实例参数设置说明

名　　称		说　　明
限制条件	标高	将楼板约束到的标高
	相对标高	指定楼板顶部相对于标高参数的高程
	房间边界	表明楼板是房间边界图元
	与体量相关	指示此图元是从体量图元创建的。该值为只读
	结构	指示此图元有一个分析模型
	钢筋保护层-顶面	与楼板顶面之间的钢筋保护层距离
	钢筋保护层-底面	与楼板底面之间的钢筋保护层距离
	钢筋保护层-其他面	从楼板到邻近图元面之间的钢筋保护层距离
	估计的钢筋体积	指定选定图元的估计钢筋体积。这是一个只读参数，仅在已放置钢筋的情况下才显示
结构楼板形状编辑	弯曲边缘条件	将结构楼板表面指定为"与曲线一致"或"投影到边"。此参数仅可用于弯曲边缘结构楼板
尺寸标注	坡度角	将坡度定义线修改为指定值，而无须编辑草图。如果有一条坡度定义线，则此参数最初会显示一个值。如果没有坡度定义线，则此参数为空并被禁用
	周长	楼板的周长。该值为只读
	面积	楼板的面积。该值为只读
	体积	楼板的体积。该值为只读
	厚度	楼板的厚度。除非应用了形状编辑，而且其类型包含可变层，否则这将是一个只读值。如果此值可写入，可以使用此值来设置一致的楼板厚度。如果厚度可变，此条目可以为空
标识数据	注释	说明或类型注释中尚未定义的楼板相关特定注释
	标记	用于楼板的用户指定标签。可以用于施工标记。对于项目中的每个图元，此值都必须是唯一的。如果此数值已被使用，Revit 软件会发出警告信息，但允许用户继续使用。可以使用"查阅警告信息"工具查看警告信息
	设计选项	如果已经创建了设计选项，此属性用于指示其中存在此图元的设计选项
阶段化	创建的阶段	创建楼板的阶段
	拆除的阶段	拆除楼板的阶段
结构分析	结构用途	指定楼板的结构用途
分析模型	垂直投影	用于分析和设计的楼板平面

注:楼板类型参数设置说明见表 5-2。

表 5-2 楼板类型参数设置说明

名 称		说 明
构造	结构	创建复合楼板合成
	默认厚度	指示楼板类型的厚度,通过累加楼板层的厚度得出
	功能	指示楼板是内部的还是外部的。功能可用在计划中并创建过滤器,以便在导出模型时对模型进行简化
	附加的顶部/外部偏移	指定与顶部/外部钢筋保护层的附加偏移。这允许在不同的区域钢筋层一起放置多个钢筋图元
	附加的底部/内部偏移	指定与底部/内部钢筋保护层的附加偏移。这允许在不同的区域钢筋层一起放置多个钢筋图元
	附加偏移	指定与钢筋保护层的附加偏移。这允许在不同的路径钢筋层一起放置多个钢筋图元
图形	粗略比例填充样式	指定粗略比例视图中楼板的填充样式
	粗略比例填充颜色	为粗略比例视图中的楼板填充样式应用颜色
材质和装饰	结构材质	为图元结构指定材质。此信息可包含于明细表中。单击参数值框可以打开"材质浏览器"
标识数据	注释记号	添加或编辑楼板注释记号。在参数值框中单击,可以打开"注释记号"对话框
	模型	楼板的模型类型
	制造商	楼板材料的制造商
	类型注释	关于楼板类型的注释。此信息可包含于明细表中
	URL	对制造商网页的链接
	说明	提供楼板的说明
	部件说明	基于所选部件代码描述部件。该值为只读
	部件代码	从层级列表中选择的统一格式部件代码
	类型标记	用于指定特定楼板的值。对于项目中的每个图元,此值都必须是唯一的。如果此数值已被使用,Revit 软件会发出警告信息,但允许用户继续使用它。可以使用"查阅警告信息"工具查看警告信息
	成本	楼板的成本。此信息可包含于明细表中
分析属性	传热系数(U)	用于计算热传导,通常通过流体和实体之间的对流、阶段变化
	热质量	对建筑图元蓄热能力进行测量的一个单位,是每个材质层质量和指定热容量的乘积
	吸收率	对建筑图元吸收辐射能力进行测量的一个单位,是吸收的辐射与事件总辐射的比率。注:默认值为 0.1。将此数据用于热分析时,应指定适用于分析类型的值,如整个建筑的能量模拟
	粗糙度	表示表面粗糙度的一个指标,其值从 1 到 6(其中 1 表示粗糙,6 表示平滑,3 则是大多数建筑材质的典型粗糙度),用于确定许多常用热计算和模拟分析工具中的气垫阻力值。注:默认值为 1。将此数据用于热分析时,应指定适用于分析类型的值,如整个建筑的能量模拟

单元 2　屋顶的案例分析

○　○　○

屋顶的主要功能是承重、围护（即排水、防水和保温隔热等）和美观，主要由屋面层、承重结构、保温或隔热层和顶棚四部分组成。在 Revit 软件中，提供了多种建模工具，如：迹线屋顶、拉伸屋顶、面屋顶等创建屋顶的常规工具，此外，对于一些特殊造型的屋顶，还可以通过内建模型的工具来创建。

例 5-2　根据图 5-12 中给定的尺寸，创建屋顶模型并设置其材质（见图 5-13），屋顶坡度为 30°，将模型以"坡屋顶"为文件名保存。

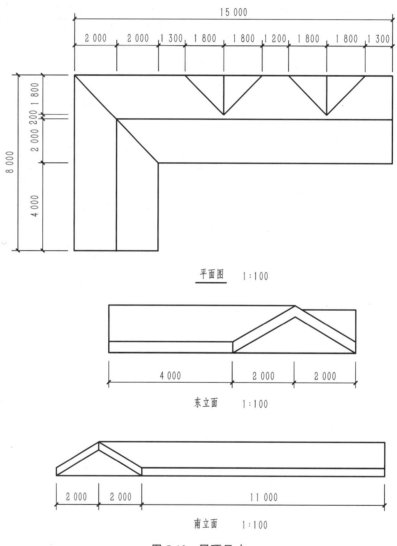

平面图　　1：100

东立面　　1：100

南立面　　1：100

图 5-12　屋顶尺寸

一、建模命令调用　▽

1. 屋顶

（1）选择"建筑"→"构建"→"屋顶"。

（2）使用快捷键：可自行定义。

快捷键自定义操作：选择"视图"→"窗口"→"用户界面"→"快捷键"。

西立面   1:100

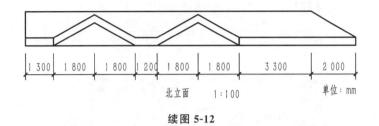

北立面   1:100   单位：mm

续图 5-12

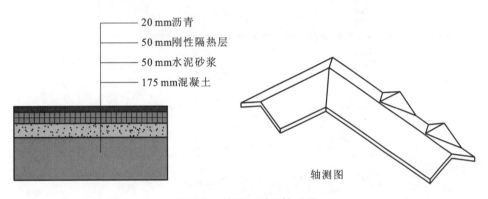

图 5-13   屋顶材质及轴测图

2. 参照平面

（1）选择"建筑"→"工作平面"→"参照平面"。

（2）使用快捷键：RP。

二、实例操作 ▼

1. 步骤 1：创建屋顶

打开软件后进入"标高 2"楼层平面视图，选择"建筑"→"构建"→"屋顶"→"迹线屋顶"。单击"属性"面板中的"编辑类型"按钮，对屋顶面板进行参数设置。在"类型属性"对话框中"类型（T）"下拉菜单中选择"常规-400 mm"，单击"复制（D）…"按钮，然后单击"重命名（R）…"按钮，将其命名为"坡屋顶"，如图 5-14 所示。

2. 步骤 2：屋顶材质编辑

单击"结构"参数右侧的"编辑…"按钮，弹出"编辑部件"对话框。在其中单击层序号 1，全选该行，单击"插入（I）"按钮，在"核心边界"外增加 3 个功能层，从上至下依次将功能层修改为"面层 1[4]"、"保温层/空气层[3]"、"衬底[2]"。功能层的厚度按题目要求进行设置，从上至下分别设置为 20、50、50、175。单击"面层 1[4]"的材质框，在弹出的"材质浏览器"中搜索"沥青"，双击进行赋值，同理将"保温层/空气层[3]"设置为"刚性隔热层"材质，将"衬底[2]"设置为"水泥砂浆"材质。单击"结构[1]"功能层的"材质"方框，进入"材质浏览器"面板，单击面板下方的"新建材质"按钮，将其重命名为"混凝土"。单击资源浏览器，并搜索"混凝土"，找到"混凝土"后予以双击并进行赋值，如图 5-15 所示。

3. 步骤 3：创建迹线屋顶

选择"绘制"→"直线"，在绘图界面按照图示要求的尺寸绘制屋顶迹线，按两次 Esc 键退出屋顶迹线绘制命令,如图 5-16 所示。框选屋顶两竖向迹线,不选中"定义坡度"复选框,如图 5-17 所示,单击 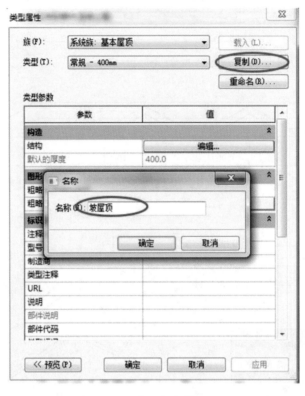 按钮后,完成迹线屋顶创建。

图 5-14　类型名称的更改

4. 步骤 4:调整视图范围

在绘图界面任意位置单击,进入楼层平面视图。单击"范围"中"视图范围"右侧的"编辑…"按钮,在弹出的"视图范围"对话框中,设置"剖切面(C)"的"偏移量(E)"为 2000,单击"确定"按钮,如图 5-18 所示。

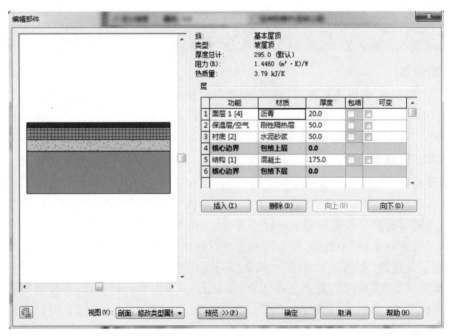

图 5-15　材质的设置

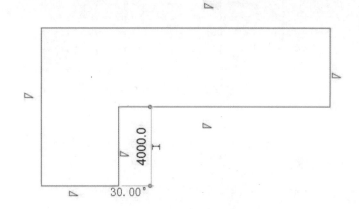

图 5-16　屋顶迹线的绘制

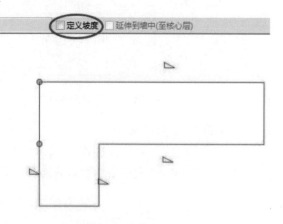

图 5-17　坡度的取消

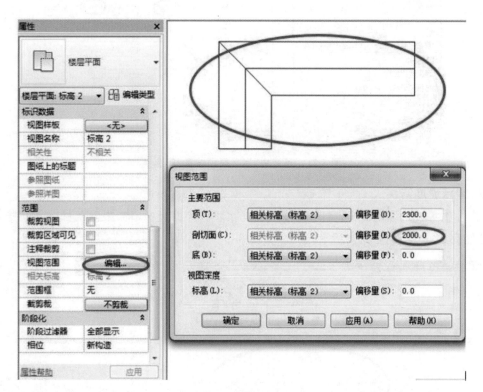

图 5-18　视图范围的设置

5. 步骤 5：绘制参照平面

选择"建筑"→"参照平面"→"绘制"→"拾取线"命令，在选项栏中输入偏移量为 5300，按回车键，在绘图区域中拾取屋顶左侧边线创建新的参照平面，如图 5-19 所示。依次按 1800、1800、1200、1800、1800、1300，在屋顶迹线上绘制参照平面。

6. 步骤 6：编辑屋顶迹线

单击选中屋顶迹线，选择"修改丨屋顶"→"编辑迹线"，删除迹线矩形框上方的水平迹线，用"直线"命令重新按参照平面间距绘制屋顶迹线，如图 5-20 所示。

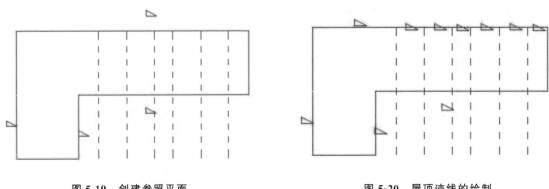

图 5-19　创建参照平面　　　　　　　　　　　图 5-20　屋顶迹线的绘制

7. 步骤 7：绘制坡度箭头

选中间距为 1800 的屋顶迹线，不选中"定义屋顶坡度"复选框，如图 5-21 所示。单击"坡度箭头"命令，以左端点 130 处为起点，从左往右绘制对向箭头，如图 5-22 所示。

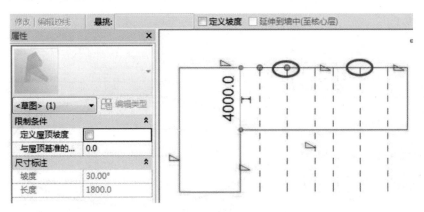

图 5-21　不选中"定义屋顶坡度"复选框

8. 步骤 8：编辑坡度箭头

从右下方向左上方框选坡度箭头，如图 5-20 所示。在"属性"面板中，将"限制条件"栏的"指定"设置为"坡度"，单击 ✔ 按钮完成操作，如图 5-23 所示。

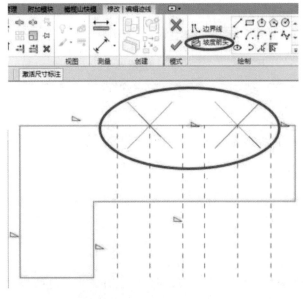

图 5-22　坡度箭头的绘制　　　　　　　　　　图 5-23　坡度箭头的编辑

注:坡度箭头实例参数说明见表 5-3。

表 5-3　坡度箭头实例参数说明

名　称		说　　明
限制条件	指定	选择用来定义表面坡度的方法。 要定义其坡度,请选择"坡度"。然后为"坡度"属性输入值。 要通过指定坡度箭头尾部和头部的高度来定义坡度,应选择"尾高"。然后为"最低处标高"、"尾高度偏移"、"最高处标高"和"头高度偏移"输入值
	最低处标高	指定与坡度箭头的尾部关联的标高
	尾高度偏移	指定倾斜表面相对于"最低处标高"的起始高度。要使其起点在该标高之下,应输入负值
	最高处标高	指定与坡度箭头的头部关联的标高。当"指定"被定义为"尾高"时,将启用此属性
	头高度偏移	指定倾斜表面相对于"最高处标高"的终止高度。要在标高之下终止,请输入一个负值。当"指定"被定义为"尾高"时,将启用此属性
尺寸标注	坡度	指定斜表面的斜率(高/长)
	长度	指定该线的实际长度

9. 步骤 9:尺寸标注及保存

双击进入"标高 2"楼层平面视图,选择"注释"→"对齐"命令。选择直线与直线、直线与点、点与直线两两之间距离,进行尺寸标注;当无法选中时,可以按 Tab 键在直线与点间进行选择切换。同理,标注屋顶立面视图,如图 5-24 所示。单击应用程序菜单,将该模型以"坡屋顶"为文件名保存。

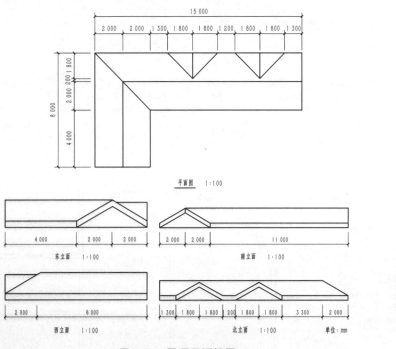

坡屋顶模型

图 5-24　屋顶平面视图

模型链接:具体操作步骤见网址 http://www.spdview.com/view/s? hash=ef7e6461-9962-429b-bc40-85be91f2c3ca。

单元 3　知识扩展

一、天花板的创建与编辑 ▼

在 Revit 软件中，天花板的创建过程与楼板、屋顶的创建过程相似。使用天花板工具，能自动查找房间边界，快速创建室内天花板。具体操作步骤如下。

打开 Revit 软件，在绘图区域任意绘制墙体。选择"建筑"→"天花板"。在"属性"面板中单击"编辑类型"按钮，在弹出的"类型属性"对话框中单击"复制（D）…"按钮，创建新的天花板类型，单击"重命名（R）…"按钮将其命名为"考试用天花板"。单击"结构"参数右侧的"编辑…"按钮，参照楼板的功能层、材质、厚度设置方法来编辑天花板参数，如图 5-25 所示。依次单击"确定"按钮后进入一层楼层平面视图，在"属性"面板中将"自标高的高度偏移"值设为 2600。选择"修改 | 放置天花板"→"天花板"→"自动创建天花板"，将光标移至建筑结构内的房间，单击后自动创建天花板，如图 5-26 所示。

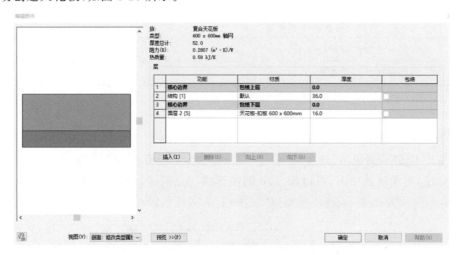

图 5-25　天花板的创建

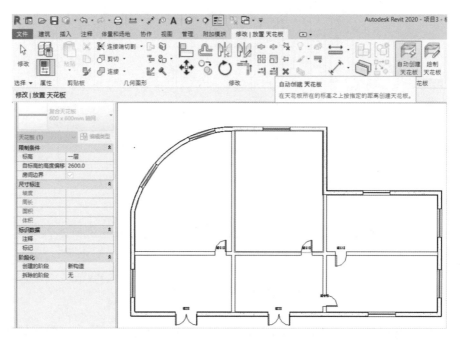

图 5-26　自动创建天花板

除了通过"自动创建天花板"命令来生成天花板之外,还可以通过"绘制天花板"命令来创建天花板,具体操作同楼板的创建。

注:天花板实例参数的设置见表 5-4。

表 5-4　天花板实例参数设置说明

名　称		说　明
限制条件	标高	指明放置此实例的标高
	相对标高	指定该实例相对于指定标高所偏移的距离
	房间边界	指定该实例是否用于定义房间的范围
尺寸标注	坡度	指定在坡度已经由边界绘制线或坡度箭头定义时的坡度值(坡度高与坡度长之比)
	周长	为该实例计算的周长(只读)
	面积	为该实例计算的面积(只读)
	体积	为该实例计算的体积(只读)
标识数据	注释	显示用户输入或从下拉列表中选择的注释。输入注释后,便可以为同一类别中图元的其他实例选择该注释,无须考虑类型或族
	标记	按照用户所指定的那样标识或枚举特定实例。如果该数字已被使用,但允许用户继续使用它,不过 Revit 软件会发出警告
阶段化	创建的阶段	指定创建实例时的阶段
	拆除的阶段	指定拆除实例时的阶段

注:天花板类型参数设置见表 5-5。

表 5-5　天花板类型参数设置说明

名　称		说　明
构造	结构	打开一个对话框,通过该对话框可以添加、修改和删除构成复合结构的层
	厚度	指定天花板的总厚度(只读)
图形	粗略比例填充样式	指定这种类型的图元在"粗略"详细程度下显示时的填充样式
	粗略比例填充颜色	为粗略比例视图中这种类型图元的填充样式应用颜色
标识数据	注释记号	为这种类型的图元添加或编辑注释记号。在参数值框中单击,打开"注释记号"对话框
	模型	指定构成天花板的材质模型
	制造商	天花板材料的制造商
	类型注释	有关天花板类型的常规注释。此信息可包含于明细表中
	URL	设置对网页的链接
	说明	提供该族类型的说明
	部件说明	基于所选部件代码的部件说明
	部件代码	从层级列表中选择的统一格式部件代码
	类型标记	此值指定特定天花板,如 1A、2B 等。对于项目中每个天花板,此值必须唯一。如果该数字已被使用,但允许用户继续使用它,不过 Revit 软件会发出警告
	成本	建造天花板的材质成本

续表

名　称		说　明
分析属性	传热系数（U）	用于计算热传导,通常通过流体和实体之间的对流和阶段变化
	传热系数（U）	用于测量对象或材质抵抗热流量(每时间单位的热量或热阻)的温度差
	热体量	等同于热容或热容量
	吸收率	用于测量对象吸收辐射的能力,等于吸收的辐射通量与入射通量的比率
	粗糙度	用于测量表面的纹理

二、楼板的编辑

在创建楼板时,如果楼板边界绘制不正确,则可以通过再次选择楼板,单击"编辑边界"按钮,进入编辑楼板轮廓草图模式,如图 5-27 所示。

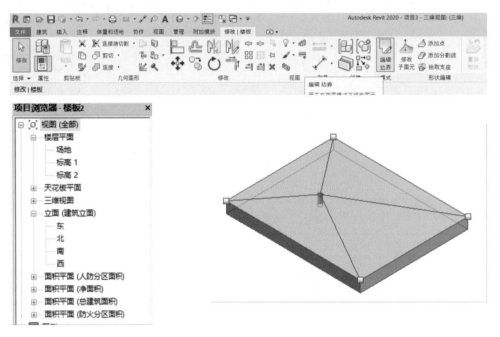

图 5-27　楼板的编辑

1. 形状编辑

选择"修改|楼板"→"编辑边界"→"绘制"→"圆角弧"命令,将选项栏中半径设置为1000,选择两条直角边线,完成弧形楼板的绘制,如图 5-28 所示。

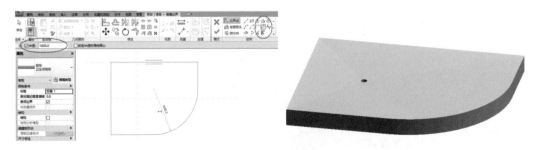

图 5-28　弧形楼板的绘制

2. 在楼板中开洞口

在编辑楼板轮廓草图模式下,通过对轮廓的编辑,可以在楼板中开洞口。

选择"修改丨楼板"→"编辑边界"→"绘制"→"圆形"命令,在楼板边界内绘制一个直径为 500 的圆,如图 5-29 所示。

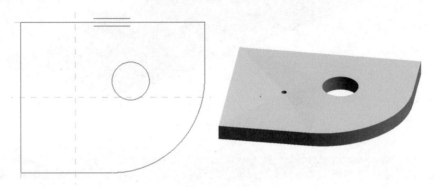

图 5-29 楼板轮廓

3. 利用楼板创建散水

选择"建筑"→"楼板"命令,在"属性"面板的"类型选择器"选择"常规-300mm"。单击"编辑类型"按钮,弹出 "类型属性"对话框,单击"复制(D)…"按钮,创建新楼板并单击"重命名(R)…"按钮将其命名为"散水-混凝土- 300mm"。单击"结构"参数右侧的"编辑…"按钮。单击"结构[1]"行的"材质",在"材质浏览器"中选择"混凝 土",厚度设置为 300,选中"可变"复选框,如图 5-30 所示。依次单击"确定"按钮后,在绘图区域任意绘制一块 楼板。选中楼板,单击"修改子图元",将光标移至矩形楼板一角点,单击,输入标高值-300。取相邻另一点同 样操作,如图 5-31 和图 5-32 所示。

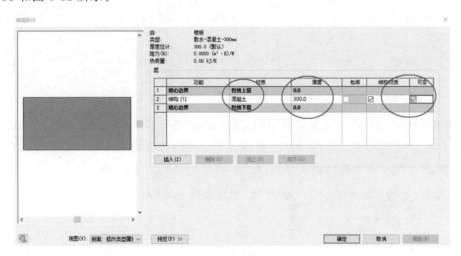

图 5-30 结构层的可变性

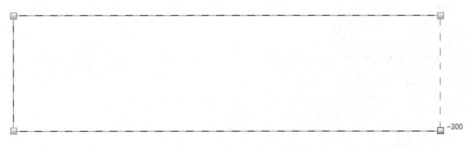

图 5-31 修改子图元

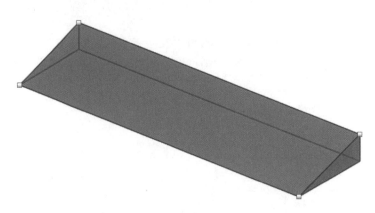

图 5-32　散水显示

三、迹线屋顶的编辑 ▼

在模块 5 单元 2 中创建屋顶的案例中，除了案例中的常用的一种方法，还有其他方法进行创建，下面介绍两种创建方法。

1. 方法一

（1）步骤 1：选择"屋顶"→"迹线屋顶"，屋顶材质还是选用"考试用屋顶"，屋顶尺寸设置为 4000 mm×9000 mm，用矩形命令完成创建，并复制一个迹线屋顶，如图 5-33 所示。

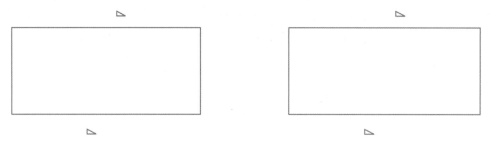

图 5-33　迹线屋顶

（2）步骤 2：输入快捷键 RP，进入参照平面绘制命令。按间距 700、1600、1600、1200、1600、1600、700 创建参照平面，在间距 1600 处绘制屋顶迹线，如图 5-34(a)所示。单击选择最下方的两段迹线，取消其坡度。使用"拆分图元"命令 ▭，拆分两小矩形迹线的上迹线，如图 5-34(b)所示。单击"修剪"命令 ▭，分别选择需保留的屋顶迹线进行迹线修剪，如图 5-35 所示，单击 ✔ 按钮，完成迹线屋顶的创建。

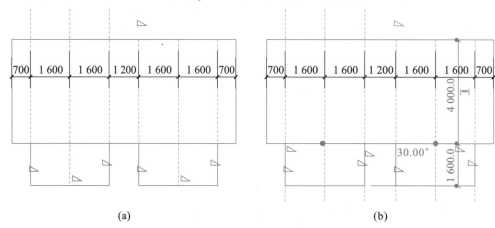

(a)　　　　　(b)

图 5-34　修改屋顶迹线

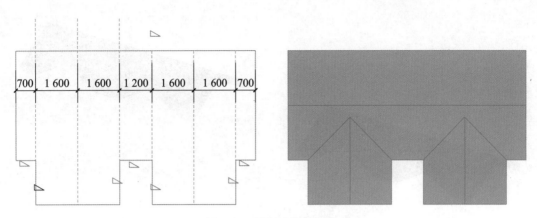

图 5-35 屋顶迹线的处理

（3）步骤 3：用"竖井"命令剪切多余的迹线屋顶。选择"建筑"→"洞口"→"竖井"命令，选择"绘制"→"矩形"命令，框选多余的迹线屋顶，如图 5-36 所示。单击✔按钮，完成操作。单击快捷工具栏中的"默认三维视图"，进行三维观察，对两种方法创建的迹线屋顶比较，如图5-37所示。

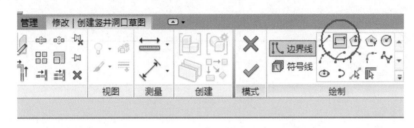

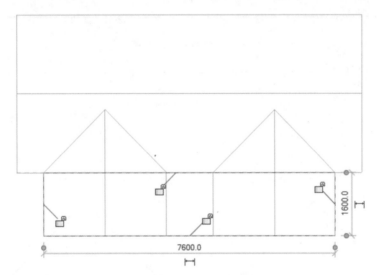

图 5-36 竖井的使用

2. 方法二

（1）步骤 1：同方法一中的步骤 1。

（2）步骤 2：输入快捷键 RP，进入参照平面绘制命令。按间距 700、1600、1600、1200、1600、1600、700 创建参照平面，在距屋顶线 400 处绘制参照平面，如图 5-38 所示。选择迹线屋顶，单击"模式"面板中的"编辑迹线"按钮，在间距 1600 处运用"拆分图元"、"修剪"命令编辑屋顶迹线，如图 5-39 所示。单击✔按钮，完成迹线屋顶的编辑。

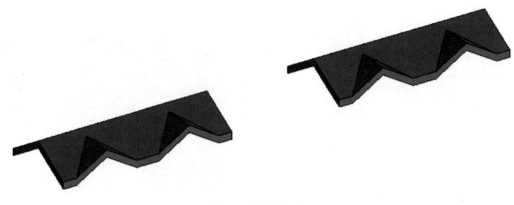

图 5-37　屋顶的对比

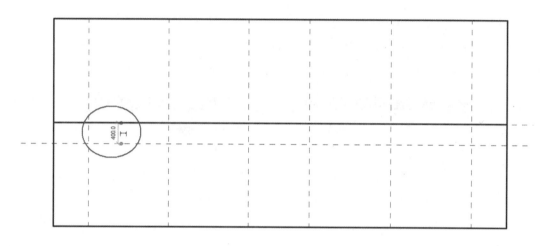

图 5-38　参照平面的绘制

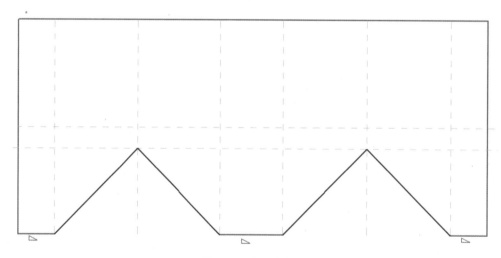

图 5-39　迹线的编辑

（3）步骤 3：选择"建筑"→"迹线屋顶"命令，在迹线屋顶空缺处绘制矩形屋顶迹线，并取消两水平迹线的坡度，如图 5-40 所示。选择"修改"→"镜像-绘制轴"命令，直接生成迹线屋顶，如图 5-41 所示。进入三维观察，如图 5-42 所示。

（4）步骤 4：选择"修改"→"几何图形"→"连接屋顶"，选择需要连接的"迹线屋顶"的内边线，再选择被连接的"迹线屋顶"的面，完成屋顶的创建，如图 5-43 和图 5-44 所示。

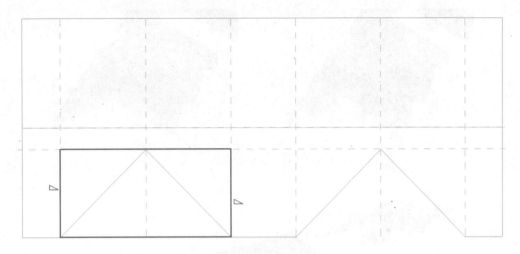

图 5-40 矩形屋顶的绘制

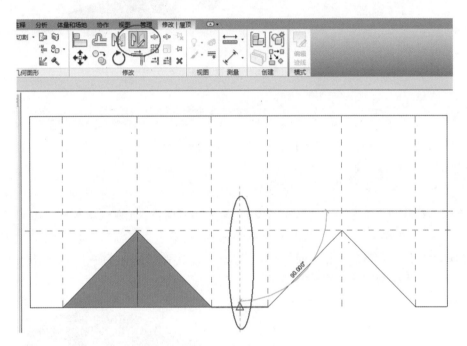

图 5-41 镜像的使用

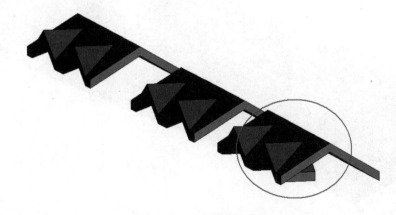

图 5-42 三维屋顶的显示

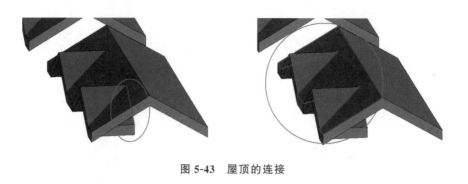

图 5-43　屋顶的连接

图 5-44　创建屋顶

四、拉伸屋顶的创建与编辑

Revit 软件除了提供了迹线屋顶工具外，还提供了拉伸屋顶工具，该工具主要用来创建具有弧度效果的屋顶。具体操作如下。

1. 步骤 1

打开软件，使用"墙"命令在绘图区域绘制四面墙，并添加相应门窗，如图 5-45 所示。双击进入楼层平面视图，选择"拉伸屋顶"工具，在弹出的"工作平面"对话框中选择"拾取一个平面"，单击"确定"按钮后进入绘图区域，拾取外墙边线作为拉伸屋顶新的工作平面，如图 5-46 所示。在弹出的"转到视图"对话框中选择"立面：东"，单击"打开视图"按钮，进入拉伸屋顶轮廓绘制界面。

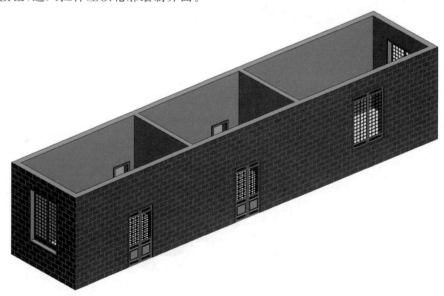

图 5-45　墙等构件的绘制

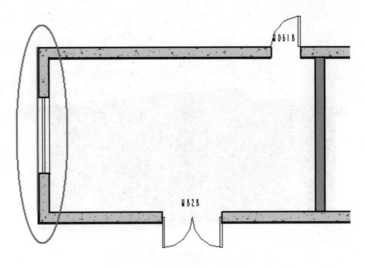

图 5-46　工作平面的选择

2. 步骤 2

绘制拉伸屋顶轮廓。选择"修改｜创建拉伸屋顶轮廓"→"绘制"→"样条曲线"命令 ，屋顶的实例参数及类型参数根据实际需求进行设置，此处选择屋顶类型为"常规-125mm"，其他参数为默认。在墙顶绘制样条曲线，如图 5-47 所示。按 Esc 键退出样条曲线绘制命令，单击 按钮完成编辑模式。进入三维模式，按 Shift 键和鼠标滑轮进行旋转观察，如图 5-48 所示。根据实际需求，可对屋顶进行拉伸操作，如图 5-49 所示。

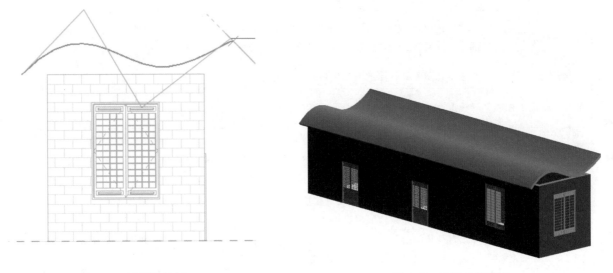

图 5-47　屋顶的绘制　　　　　　　　　　　　图 5-48　屋顶三维显示

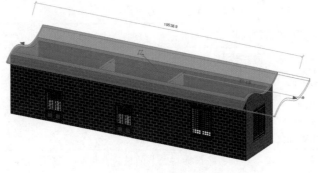

图 5-49　屋顶的拉伸

3. 步骤3

将墙体附着于屋顶。进入三维视图，单击需要附着于屋顶的墙体，选择"修改｜墙"→"附着顶部/底部"命令，单击屋顶，即可将墙体附着于屋顶，如图5-50所示。

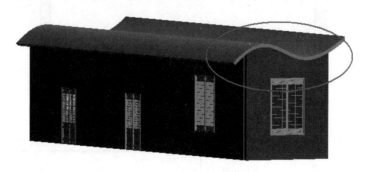

图5-50　墙体与屋顶的附着

要改变拉伸屋顶的范围，还可以进行精确设置。具体操作方法是选中拉伸屋顶图元，在"属性"面板中设置"拉伸起点"、"拉伸终点"。拉伸屋顶实例参数设置说明见表5-6。

表5-6　屋顶实例参数设置说明

名　　称		说　　明
限制条件	工作平面	与拉伸屋顶关联的工作平面
	底部标高	设置迹线或拉伸屋顶的标高
	房间边界	如果选中，则意味着屋顶是房间边界的一部分。如果未选中，则意味着屋顶不是房间边界的一部分。此属性在创建屋顶之前为只读。在绘制屋顶之后，可以选择屋顶，然后修改此属性
	与体量相关	指示此图元是从体量图元创建的。该值为只读
	基准与标高的偏移	设置高于或低于绘制时所处标高的屋顶高度。仅当使用迹线创建屋顶时启用此属性
	截断标高	指定标高，在该标高上方所有迹线屋顶几何图形都不会显示。以该方式剪切的屋顶可与其他屋顶组合，构成"荷兰式四坡屋顶"、"双重斜坡屋顶"或其他屋顶样式
	截断偏移	在"直到标高"中指定的标高以上或以下的截断高度
	拉伸起点	设置拉伸的起点。例如，如果在拉伸创建期间拾取墙的外边缘，则起点会在墙外边缘的某点上开始拉伸。仅为拉伸屋顶启用此参数
	拉伸终点	设置拉伸的终点。例如，如果在拉伸创建期间拾取墙的外边缘，则终点会在墙外边缘的某点上结束拉伸。仅为拉伸屋顶启用此参数
	参照标高	屋顶的参照标高。默认标高是项目中的最高标高。仅为拉伸屋顶启用此参数
	标高偏移	从参照标高升高或降低屋顶。仅为拉伸屋顶启用此参数
构造	封檐带深度	定义封檐带的线长
	椽截面	定义屋檐上的椽截面
	椽或桁架	此属性是"板对基准的偏移"属性的开关。如果选择"椽"，则将从墙内侧测量"板对基准的偏移"。如果选择"桁架"，则将从墙外侧测量"板对基准的偏移"。要更清楚地查看此属性的效果，应为"板对基准的偏移"设置一个非零值。 此属性仅影响通过拾取墙创建的屋顶
	最大屋脊高度	屋顶顶部位于建筑物底部标高以上的最大高度。可以使用"最大屋脊高度"工具设置最大允许屋脊高度。该值为只读。仅当使用迹线创建屋顶时启用此属性

名　　称		说　　明
尺寸标注	坡度	将坡度定义线的值修改为指定值,而无须编辑草图。如果有一条坡度定义线,则此参数最初会显示一个值。如果没有坡度定义线,则此参数为空并被禁用
	厚度	指示屋顶厚度。 除非应用了形状编辑,而且其类型包含可变层,否则它通常是一个只读值。如果此值可写入,可以使用此值来设置一致的屋顶厚度。如果厚度可变,此条目可以为空
	体积	屋顶的体积。该值为只读
	面积	屋顶的面积。该值为只读
标识数据	注释	有关特定屋顶的注释
	标记	应用于屋顶的标签。通常是数值。对于项目中的每个屋顶,此值都必须是唯一的。如果此值已被使用,Revit 软件会发出警告信息,但允许用户继续使用它。可以使用"查阅警告信息"工具查看警告信息
阶段化	创建的阶段	创建屋顶的阶段
	拆除的阶段	拆除屋顶的阶段

单元 4　疑难解答

问题 1　绘制楼板后,提示"是否希望将高达此楼层的墙体附着到此楼层底部?",选择"是",还是选择"否"?

答　在弹出的"是否希望将高达此楼层的墙体附着到此楼层底部?"提示对话框中,选择"是",则将高达此楼层标高的墙附着到此楼层的底部;选择"否",则高达此楼层标高的墙将未附着,与楼板同高度。下面以实例对该问题进行解答。

（1）步骤 1:打开 Revit 软件,在绘图区域任意绘制建筑墙体,如图 5-51 和图 5-52 所示。

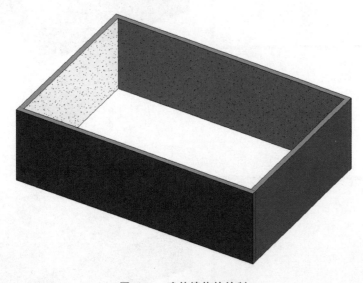

图 5-51　建筑墙体的绘制

（2）步骤 2:双击进入"标高 1"楼层平面视图。选择"建筑"→"楼板"命令,选择"修改 | 创建楼层边界"→"绘制"→"拾取墙"命令,将光标移至某一外墙上,按 Tab 键,全选所有外墙,单击,即绘制好楼板边线,如图 5-53 所示。

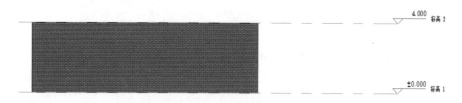

图 5-52   建筑墙体的绘制

图 5-53   楼板边线的绘制

（3）步骤 3：楼板的实例属性中标高取"标高 2"，其他实例属性及类型属性取默认值，单击 ✔ 按钮，在弹出的提示框中单击"是（Y）"按钮，如图 5-54 所示。

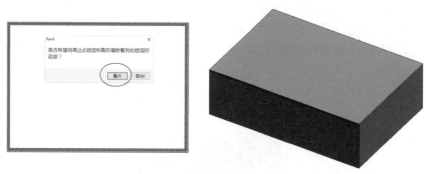

图 5-54   墙体附着到底部

楼板的实例属性中标高取"标高 2"，其他实例属性及类型属性取默认值，单击 ✔ 按钮，在弹出的提示框中单击"否（N）"按钮，如图 5-55 所示。

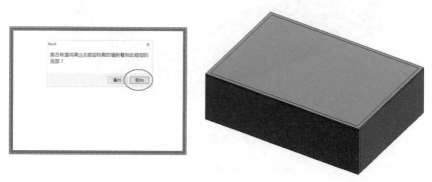

图 5-55   墙体是不附着到底部

楼板的实例属性中标高取"标高2"，自标高的高度偏移值设置为－400，其他实例属性及类型属性取默认值，单击 ✅ 按钮，在弹出对话框中单击"是"按钮，如图5-56所示。

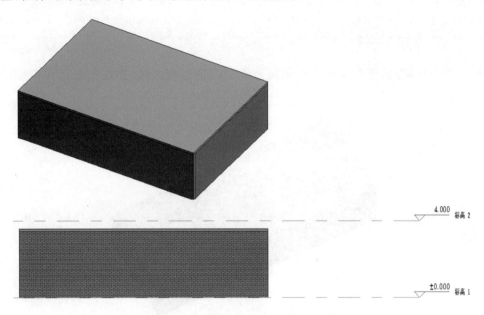

图 5-56　墙体附着到楼板下方的显示

注：此处选择"是"后，4 m高的墙体随着楼板的下降而下降。

楼板的实例属性中标高取"标高2"，自标高的高度偏移值设置为－400，其他实例属性及类型属性取默认值，单击 ✅ 按钮，在弹出的对话框中单击"否"按钮，如图5-57所示。

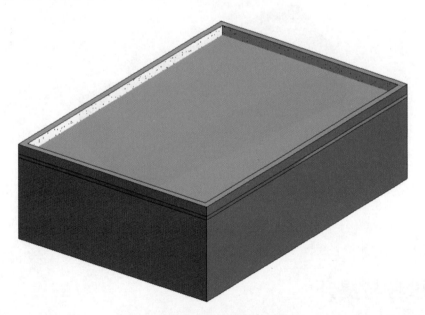

图 5-57　墙体不附着到楼板的显示

注：此处选择"否"后，4 m高墙体并没有随着楼板的降低而下降。

注：当绘制的楼板与墙体有部分重叠时，Revit软件会弹出提示对话框"楼板/屋顶与高亮显示的墙重叠，是否希望连接几何图形并从墙中剪切重叠的体积？"。单击"是"按钮，接受该建议，从而在后期统计墙体积时能得到正确的计算结果。

问题 2　绘制楼板时，下层墙体的顶标高与楼板的顶标高一致，会在楼板面存在重面的现象，如图5-58所示，该怎么解决？

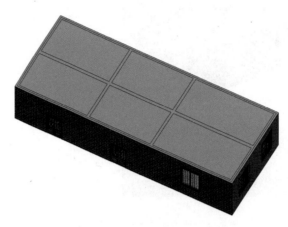

图 5-58　墙顶面和板顶面重合显示

答　对于建模过程中，墙体与楼板出现重面情况时，有三种方法解决。

（1）方法 1：建墙体时，将墙体顶标高设置在楼板的底标高处。

（2）方法 2：通过手动附着的方式。先选中墙体，选择"修改|墙"→"附着顶部/底部"命令，再选择要附着的墙体，如图5-59所示。

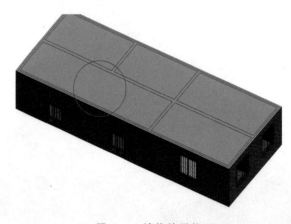

图 5-59　墙体的附着

（3）方法 3：使用"连接"命令将楼板与墙体进行连接，注意应以楼板剪切墙体。

单元5　思考与提升

按照图5-60所示的平面图、立面图绘制屋顶，屋顶板厚均为400，其他建模所需尺寸可参考平面图、立面图自定。绘制结果以"屋顶"为文件名保存。

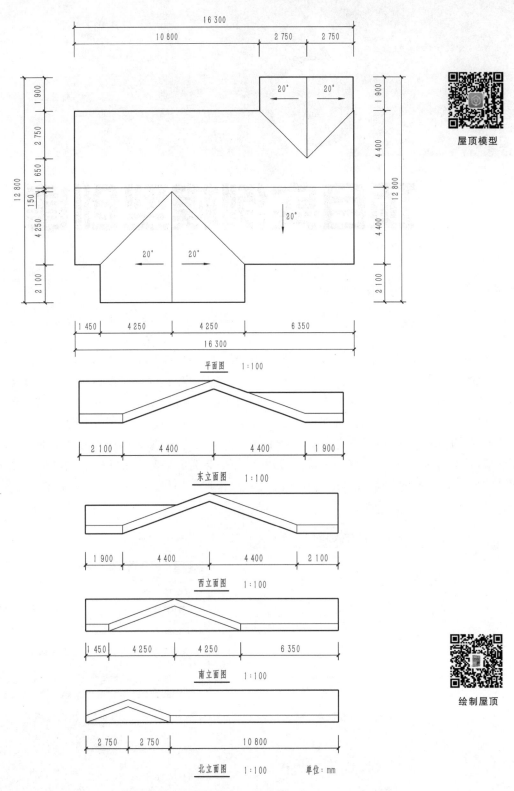

屋顶模型

绘制屋顶

图 5-60　屋顶的平面图、立面图

模型链接：具体操作步骤见网址 http://www.spdview.com/view/s? hash=4df1fa57-be65-4153-bbc0-5f72fd8b2bb1。

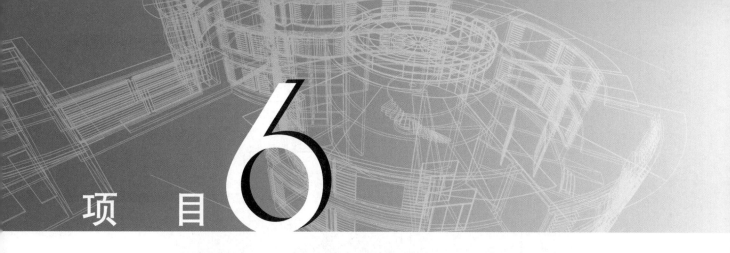

项目 6

项目实例模型创建

单元 1　项目准备

本模块将详细介绍一栋小别墅的完整设计案例,可用于 Autodesk Revit 2014 软件的入门学习,其中包含了该软件的大部分功能的使用。对于小别墅的整个建模过程,我们首先根据所给的图纸建立起建模框架流程,相关图纸在本书的教学资源包中会提供,同时也可以在 www. letbim. com 网站中下载。通过学习所给的图纸,应对该项目有初步的认识。整个的建模流程可以分为以下几个过程,如图 6-1 所示。

Revit 软件所使用的项目格式分别为:项目的后缀名是. rvt,项目样板的后缀名是. rte,族的后缀名是. rfa,族样板的后缀名是. rft。在任何一个项目的开始,都需要选定特定的项目样板,本案例中在如图 6-2 所示的"新建项目"对话框中单击"浏览(B)…"按钮,弹出的"选择样板"对话框,在其中选择"建筑样板. rvt",单击"打开"按钮,即可开始项目的正式创建。

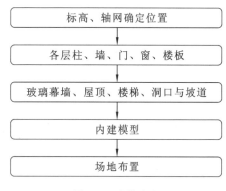

图 6-1　建模流程

图 6-2　选择样板

单元 2　绘制标高和轴网

标高是有限的水平平面,一般用于屋顶、楼板和天花板等以标高为主体的图元的参照,以及用于确定模型主体之间的定位关系。标高用于定义楼层层高及生成平面视图,但标高并不是必须作为楼层层高。

轴网是模型创建的基准和关键所在,用于定位柱、墙体等。在 Revit 软件中,轴网确定了一个不可见的工作平面。轴网编号以及标高符号的样式均可定制修改。Revit 软件目前可以绘制弧形和直线轴网、折线轴网。

在本模块中,需重点掌握:标高和轴网的 2D、3D 显示模式的不同作用,影响范围命令的应用,轴网和标高标头的显示控制,以及如何生成对应标高的平面视图等功能应用。

在 Revit 2014 中,"标高"命令必须在立面视图和剖面视图中才能使用,因此在正式开始项目设计前,应先打开立面视图。创建标高的具体步骤如下。

(1)选择"项目"→"新建…",在弹出的"新建项目"对话框中"样板文件"选项组中选择"建筑样板"样板文件,开始项目设计。

(2)在"项目浏览器"中展开"立面(建筑立面)"项,双击视图名称"南",进入南立面视图,如图 6-3 所示。

(3)在南立面视图中,调整"二层"标高,将"一层"与"二层"之间的层高修改为 3600 mm,可通过直接修改"一层"与"二层"间的临时标注,或在"二层"标头上直接输入高程 3600,如图 6-4 所示。

图 6-3　选择南立面视图

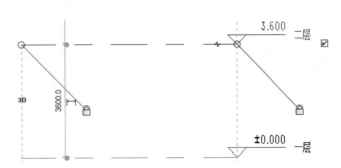

图 6-4　标高输入示意

(4)选择"建筑"→"基准"→"标高" 标高 命令,绘制标高"屋顶",修改临时尺寸标注,使其与"二层"的间距为 3600 mm,绘制标高"负一层",修改临时尺寸标注,使其与"一层"的间距为 3900 mm,如图 6-5 所示。

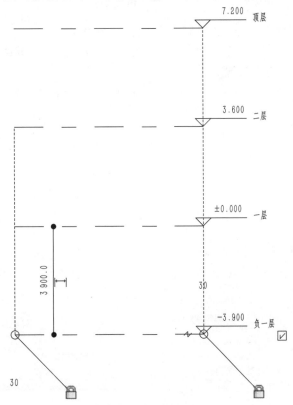

图 6-5　绘制标高

（5）利用"复制"命令，或者使用快捷键CC/CO，创建"架空层"标高。选择标高"负一层"，选择"修改|标高"→"修改"→"复制"命令，移动光标在标高"负一层"上单击捕捉一点作为复制参考点，然后垂直向下移动光标，输入间距值550 mm，单击放置标高，同上修改标高名称为"架空层"。

至此，建筑的各个标高创建完成，保存文件。

> **提示**：如果直接将"一层"标高直接复制，则复制出来的标高都是±0.00，需要将属性中的零标高，改为上、下标高才会出现正确的标高显示值，如图6-6(a)所示。
>
> 在Revit软件中复制的标高是参照标高，因此新复制的标高标头都是黑色显示，而且在"项目浏览器"中的"楼层平面"项下也没有创建新的平面视图，这是由于标高标头之间有干涉，下面的内容将介绍如何对标高进行局部调整，如图6-6(b)所示。

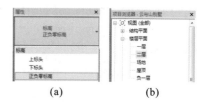

(a) (b)

图6-6　标高及楼层平面

二、编辑标高

对标高进行编辑的具体操作步骤如下。

（1）单击拾取标高"架空层"，从类型选择器下拉列表中选择"标高:GB_下标高符号"类型，标头自动向下翻转方向，结果如图6-7所示。

图6-7　选择标高符号

（2）选择"视图"→"平面视图"→"楼层平面"命令，打开"新建楼层平面"对话框，如图6-8所示。从对话框下方的列表中选择标高"架空层"，单击"确定"按钮后，在"项目浏览器"中便创建了新的楼层平面"架空层"，从"项目浏览器"中打开"架空层"作为当前视图。

（3）在"项目浏览器"中双击"立面（建筑立面）"项下的"南"立面视图回到南立面中，发现标高"架空层"标头变成蓝色显示，保存文件为"标高.rvt"。

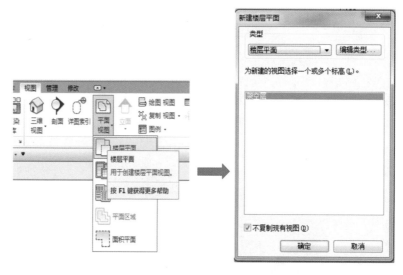

图6-8　新建楼层平面

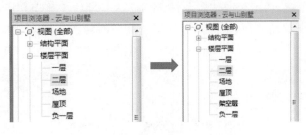

续图 6-8

提示：选择某一标高，各位置符号的意义如图 6-9 所示。

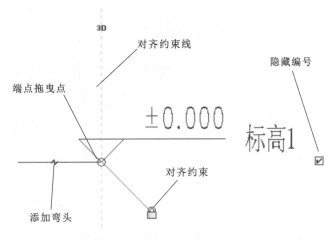

图 6-9　标高中各位置符号的含义

三、创建轴网

下面介绍如何在平面图中创建轴网。在 Revit 2014 中，轴网只需要在任意一个平面视图中绘制一次，其他平面视图和立面视图、剖面视图中都将自动显示。具体操作步骤如下。

（1）接上节操作，在"项目浏览器"中双击"楼层平面"项下的"一层"视图，打开"楼层平面：一层"视图。选择"建筑"→"基准"→"轴网"或使用快捷键：GR 进行绘制。

（2）在视图范围内单击一点后，垂直向上移动光标到合适距离再次单击，绘制第一条垂直轴线，将轴号设置为 1。

（3）利用"复制"命令创建 2～17 号轴网。选择 1 号轴线，选择"修改"→"复制"命令，在 1 号轴线上单击捕捉一点作为复制参考点，然后水平向右移动光标，参照下面的图形输入间距值 2 800 后，单击一次鼠标复制生成 2 号轴线。保持光标位于新复制的轴线右侧，分别输入如图 6-10 所示的间距值 2 100、1 500、2 700、2 100、1 000、1 100、3 000、1 300、1 700、1 800、1 400、500、3 900、700、3 200 后依次单击"确认"，绘制 3～17 号轴线，整理完成的垂直轴网结果如图 6-10 所示。

提示：使用复制功能时，选中选项栏中的"约束"复选框，可使得轴网垂直复制，选中"多个"复选框可单次连续复制。

（4）继续使用"轴网"命令绘制水平轴线，移动光标到视图中 2 号轴线标头左上方位置，单击鼠标左键捕捉一点作为轴线起点。然后从左向右水平移动光标到 17 号轴线右侧的一段距离后，再次单击鼠标左键捕捉轴线终点，创建第一条水平轴线。

（5）选择刚创建的水平轴线，修改标头文字为"A"，创建 A 号轴线。

（6）同上,绘制水平轴线步骤,利用"复制"命令,创建 B～S 号轴线。移动光标在 A 号轴线上单击捕捉一点作为复制参考点,然后垂直向上移动光标,保持光标位于新复制的轴线上侧,分别输入如图 6-11 所示的间距值 800、800、400、1 500、2 800、800、500、500、1 300、2 900、800、600、200、1 400、900、600 后依次按 Esc 键,完成复制。

整理完成后的轴网如图 6-11 所示。

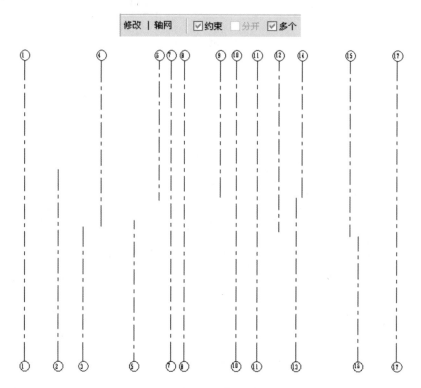

图 6-10　创建垂直轴网

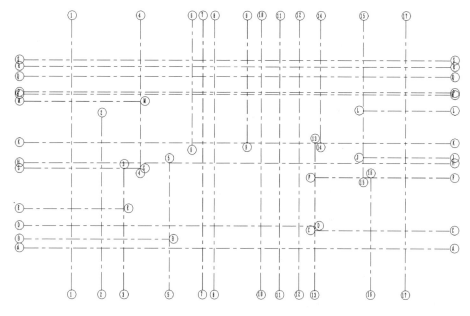

图 6-11　完成后的轴网

绘制完轴网后,需要在平面视图和立面视图中手动调整轴线标头位置,解决 G 号和 H 号轴线,M 号、N 号和 P 号轴线,R 号和 S 号等的标头干涉问题。具体操作步骤如下。

(1) 选择 G 号轴线,单击靠近轴号位置的"添加弯头"标志(类似倾斜的字母 N),出现弯头,拖动蓝色圆点则可以调整偏移的程度。同理,调整 G 号轴线标头的位置,如图 6-12 所示。

(2) 标头位置调整。选中某根轴网,在"标头位置调整"符号(空心圆点)上按住鼠标左键拖曳可整体调整所有标头的位置;如果先单击打开"标头对齐锁" 🔒,然后再拖曳即可单独移动一根标头的位置。

(3) 标头显示调整。选中某根轴网,在标头末端将出现"隐藏编号"符号 🔲,不选中该符号即不显示此端的轴网编号。

(4) 在"项目浏览器"中双击"立面(建筑立面)"项下的"南"进入南立面视图,使用前述编辑标高和轴网的方法,调整标头位置、添加弯头。

(5) 使用同样的方法调整东立面或西立面视图的标高和轴网。

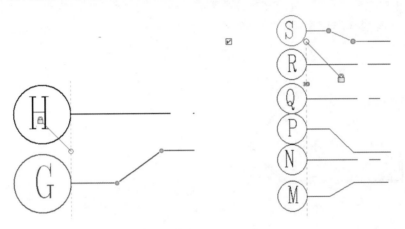

图 6-12　编辑轴网编号示意

提示:选择某一根轴网,修改轴网的类型属性,各符号所表示的意义如图 6-13 所示。

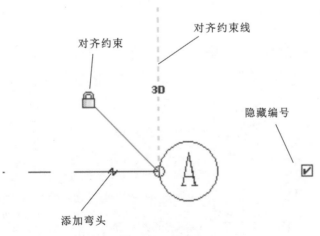

图 6-13　轴网中各符号所表示的意义

五、轴网的标注 ▽

对绘制完毕的轴网可以进行尺寸标注，选择"注释"→"尺寸标注"→"对齐"，即可单击轴网放置尺寸标注，如图 6-14 所示。

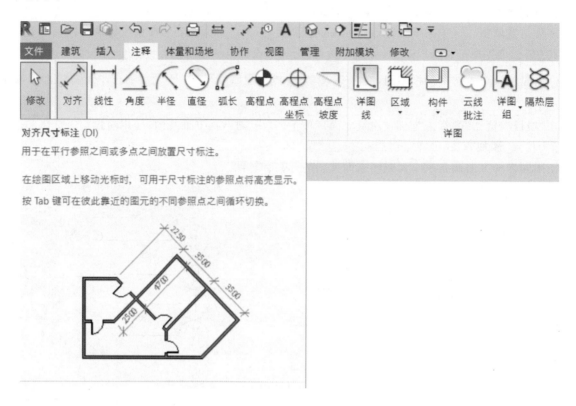

图 6-14　尺寸标注路径

标高和轴网创建完成，回到任一平面视图，框选所有轴线，选择"修改"→"锁定" 🔒，锁定绘制好的轴网（锁定的目的是为了使绘制完毕的轴网间的距离在后面的绘图过程中不会偏移），如图 6-15 所示，保存为文件"标高轴网.rvt"。锁定后的轴网如图 6-16 所示。

图 6-15　锁定轴网

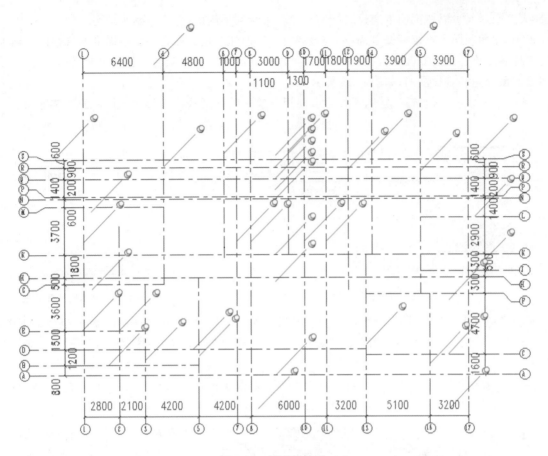

图 6-16　锁定的轴网

提示：在框选了所有的轴网后，选择"修改|轴网"→"影响范围"命令，弹出"影响基准范围"的对话框，按 Shift 键选中各楼层平面，单击"确定"按钮后，其他楼层的轴网也会相应地变化。

单元小结

本单元学习了标高和轴网的常用的创建和编辑方法，从下一单元开始学习创建地下一层平面墙体等建筑构件。

思考与习题

（1）完成小别墅练习的标高绘制。

（2）完成小别墅练习的轴网绘制。

单元 3　地下室柱的绘制

本单元主要介绍如何创建和编辑建筑柱、结构柱，以及梁、梁系统、结构支架等，让用户了解建筑柱和结构柱的应用方法和区别。根据项目需要，某些时候我们需要创建结构梁系统和结构支架，如对楼层净高产生影响的大梁等;大多数时候可以在剖面上通过二维填充命令来绘制梁剖面,仅进行示意即可。

平面视图、立面视图和三维视图上都可以创建结构柱,但建筑柱只能在平面视图和三维视图上绘制。Revit软件中建筑柱和结构柱最大的区别就在于,建筑柱可以自动继承其连接到的墙体等其他构件的材质,而结构柱的截面和墙的截面是各自独立的,如图 6-17 所示。

同时,由于墙的复合层包络建筑柱,所以可以使用建筑柱围绕结构柱来创建结构柱的外装饰涂层,如图6-18所示。

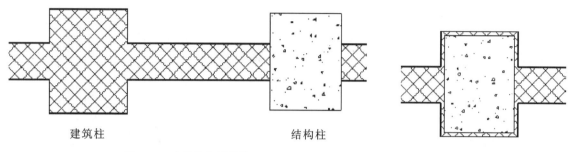

建筑柱　　　　　　　　　结构柱

图 6-17　建筑柱与结构柱　　　　　　　　**图 6-18　创建结构柱外装饰涂层**

本单元创建地下室柱可以采用先创建结构柱,然后和墙体一起做外装涂饰层的方法来创建地下室柱。

(1)打开上一单元保存的"标高轴网.rvt"文件,在"项目浏览器"中双击"楼层平面"项下的"负一层",打开地下一层平面视图。

(2)选择"插入"→"导入"→"导入 CAD",选择"负一层平面图.dwg",注意选中"仅当前视图(U)"复选框,"导入单位(S)"选择为"毫米",其他选项使用默认值即可,如图 6-19 所示。

图 6-19　导入负一层平面图

(3)选择"修改"→"移动"命令或者使用快捷键 MV,将导入的 CAD 图的 1/A 交点与绘制的轴网 1/A 交点重合,这样可以保证后期绘制图形的准确性。对放置正确后的平面图,选择"修改"→"锁定"命令,或者使用快捷键 PN 锁定,这样可以防止后期不小心移动了底图。

一、图层可见性的设置 ▽

由于在导入 CAD 图的过程中将所有的图层都进行了导入,此时在绘制负一层柱子前需要先对图层进行过滤。

(1) 选择"视图"→"图形"→"可见性/图形",或者使用快捷键 VG,在弹出的"可见性/图形替换"对话框中进入"导入的类别"选项卡,勾选需要显示的图层,如图 6-20 所示。

(2) 单击"确定"按钮,绘图界面如图 6-21 所示。

二、新建柱的类型 ▽

在上述处理好的 CAD 图的基础上,进行负一层结构柱的绘制。

(1) 选择"结构"→"柱"命令 ,Revit 软件的默认样板中的结构柱没有混凝土柱的族,故需要选择"插入"→"载入族",如图 6-22 所示。

(2) 窗口中出现 Revit 软件自带的族,选择"结构"→"柱"→"混凝土"→"矩形柱",如图 6-23 所示。

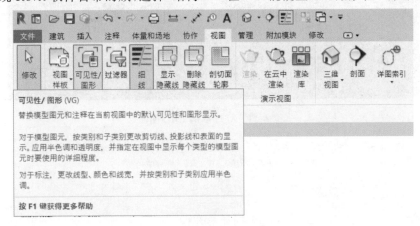

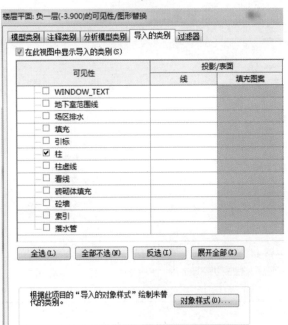

图 6-20　CAD 图层的显示控制

（3）选择"结构"→"结构"→"柱"命令，选择"柱"，在类型选择器中选择柱类型"混凝土-矩形-柱"，默认的柱尺寸为"300×450 mm"，将柱的尺寸修改为"400×600 mm"，具体步骤如下。

① 在属性栏中的类型选择器中选择"柱"的"结构柱"类型。

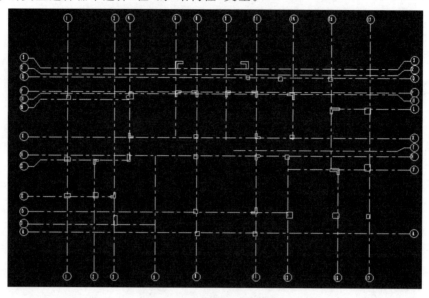

图 6-21　处理后的 CAD 图

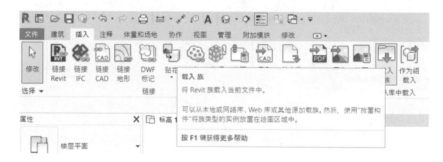

图 6-22　载入族面板

(a)

图 6-23　结构柱选择

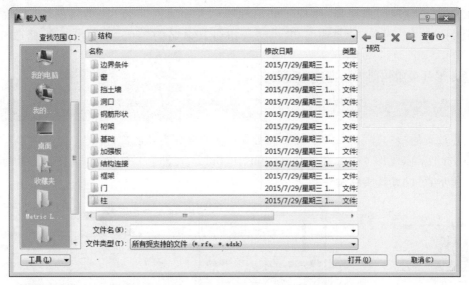

(b)

(c)

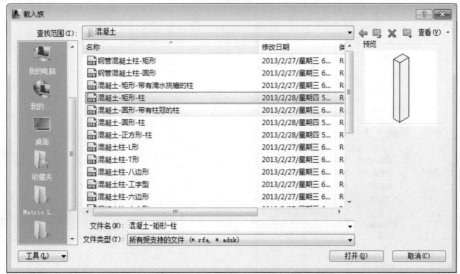

(d)

续图 6-23

② 单击"编辑类型"按钮,或选择"结构"→"属性"→"类型属性",弹出"类型属性"对话框,单击"复制(D)…"按钮,复制结构柱,再单击"重命名(R)…"按钮将其命名为"400×600 mm",修改柱参数,如图 6-24 所示。

其他尺寸的矩形柱采用相同方法进行参数设置。

三、绘制结构柱

（1）选择上述放置的结构柱,在"属性"面板中无须调整的参数为:"底部标高"、"底部偏移"、"顶部标高",通过调整菜单栏下方的标高(见图 6-25),将结构柱"400×600mm"放置于 1/E 轴线,选择此位置的柱,将显示柱的属性,如图 6-26 所示,可设置其实际属性。

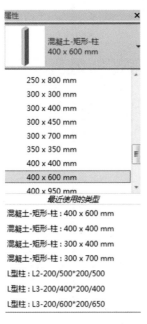

图 6-24　选择柱的类型

图 6-25　修改柱参数

图 6-26　柱的限制条件

（2）依次放置并设置柱子的实例属性，如图 6-27 所示。

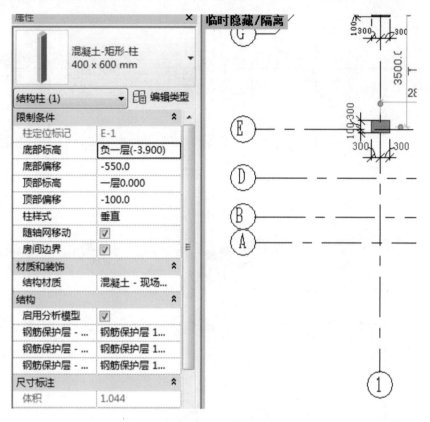

图 6-27　柱子的实例属性

（3）L 型柱在软件自带的族库里没有，这里直接载入已经新建好的族即可。选择"插入"→"从库中载入"→"载入族"，选择"L 型柱"，载入到项目中来。

（4）选择"L 型柱"，更改柱类型和实例属性，如图 6-28 所示。

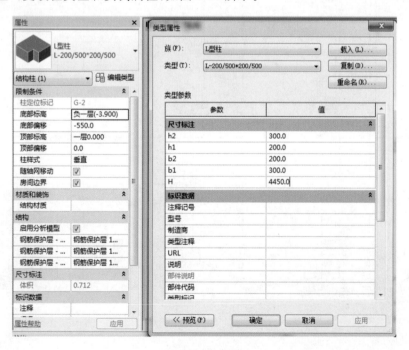

图 6-28　L 型柱

（5）负一层柱绘制完毕,保存为"负一层柱图",如图 6-29 所示。

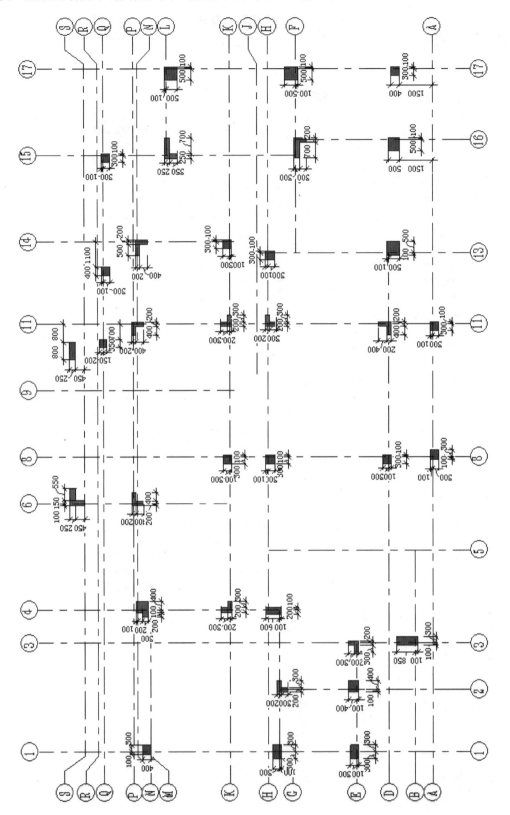

图 6-29　负一层柱图

单元 4 地下室挡墙的绘制

● ○ ○ ○

一、图层可见性的设置

选择"视图"→"图形"→"可见性/图形",或者使用快捷键 VG,在弹出的"可见性/图形替换"对话框中进入"导入的类别"选项卡,勾选需要显示的图层,如图 6-30 所示。

图 6-30 图层可见性设置

单击"确定"按钮,绘图界面如图 6-31 所示。

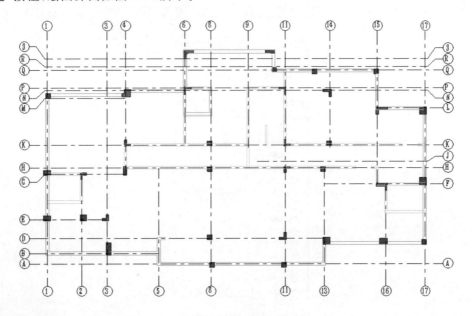

图 6-31 处理后的图形

二、地下室挡墙属性设置 ▼

选择"建筑"→"墙"→"墙：建筑"，或者使用快捷键：WA。在"属性"面板中的类型选择器中选择"基本墙"的"挡土墙-300mm混凝土"墙类型，如图6-32所示。

单击"编辑类型"按钮，或者选择"建筑"→"属性"→"类型属性"，打开"类型属性"对话框，将其复制并更名为"地下室挡墙250 mm"。编辑类型参数"结构[1]"，修改挡墙结构参数，如图6-33所示。

图6-32　选择墙体类型

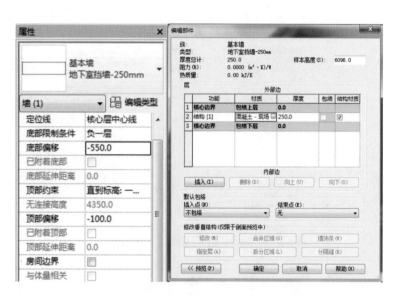

图6-33　修改挡墙参数

三、绘制地下一层挡墙 ▼

选择墙类型，直接绘制墙体。

在类型选择器中选择"地下室挡墙250 mm"类型，在其"属性"面板中，设置实例参数"底部限制条件"为"负一层"，"底部偏移"为"－550"，"顶部约束"为"直到标高：一层"，"顶部偏移"为"－100"，如图6-34所示。

图6-34　墙的属性

选择"绘制"→"直线"命令,设置"限制条件"栏中"定位线"为"核心层中心线",如图 6-35 所示。移动光标单击左键捕捉 A 轴和 1 轴交点为绘制墙体起点,按照图 6-36 所示沿顺时针方向绘制外墙轮廓。因为沿顺时针方向绘制可使得绘制的墙体外面层朝外。

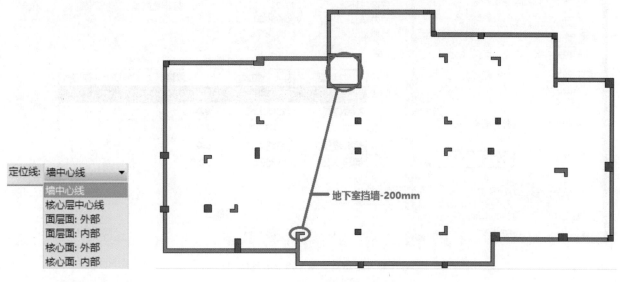

图 6-35　选择墙体定位线

图 6-36　绘制地下一层外墙

完成后的地下一层外墙如图 6-37 所示。

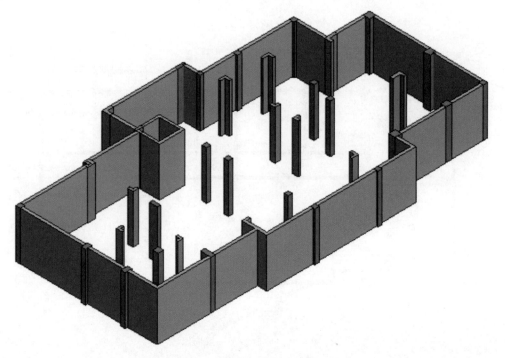

图 6-37　地下室外墙三维显示

四、绘制地下一层内墙

选择"建筑"→"墙"命令,在类型选择器中选择"基本墙 内部砌块墙 200"类型。

选择"绘制"→"直线"命令,在"属性"面板的"限制条件"栏设置"定位线"为"墙中心线",设置实例参数"底部限制条件"为"负一层(−3.900)",设置"顶部约束"为"直到标高:一层",如图 6-38 所示。

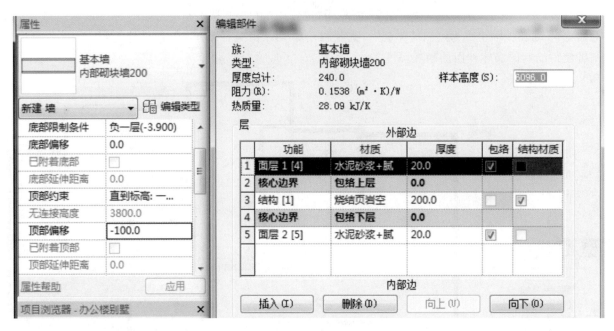

图 6-38　地下室内墙 200 mm 基本组成

按图 6-39 所示绘制内墙轮廓，捕捉轴线交点，采用"内部砌块墙 200"绘制地下室内墙。每绘制完一段，按 Esc 键则可重新绘制另一段墙，按两次 Esc 键则退出墙编辑模式。

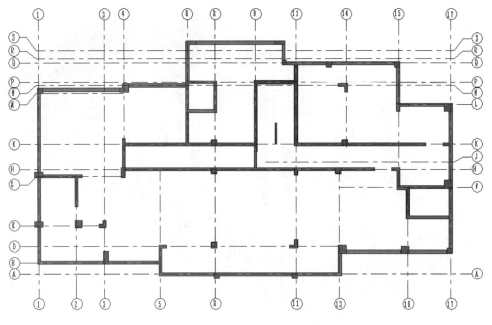

图 6-39　绘制地下一层内墙

绘制完成后的地下一层墙体如图 6-40 所示。

五、墙体装饰　▼

在前面的绘制过程中，仅对墙体的结构层进行了绘制，下面将介绍墙体装饰层的绘制。

地下负一层墙体的装修

在"项目浏览器"中双击"楼层平面"项下的"负一层"，打开地下一层平面视图。

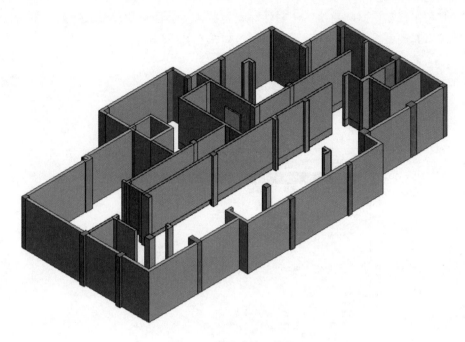

图 6-40　地下室墙三维显示

选择"建筑"→"墙"→"墙：建筑"，或者使用快捷键：WA。在"属性"面板中的类型选择器中选择"基本墙"的"地下室外墙"墙类型，如图 6-41 所示。

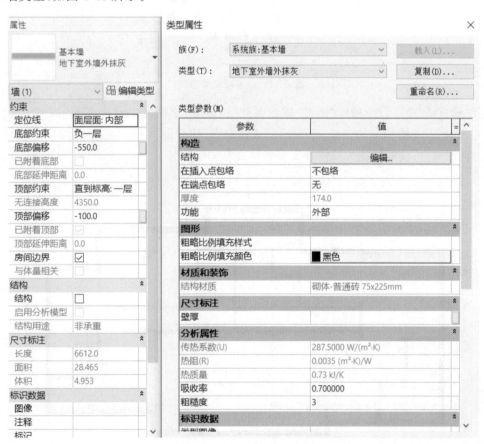

图 6-41　选择墙体类型

　　单击"编辑类型"按钮，或者选择"建筑"→"属性"→"类型属性"，打开"类型属性"对话框，复制并更名为"地下室外墙外装饰"，编辑其类型参数，修改挡墙结构参数，如图6-42所示。

图6-42　设置墙体参数

　　选择"绘制"→"直线"命令，在"属性"面板"限制条件"栏设置"定位线"为"面层面：内部"，如图6-35所示。移动光标单击左键捕捉A轴和1轴交点，作为绘制墙体起点，按照图6-43所示沿顺时针方向绘制外墙轮廓。因为沿顺时针方向绘制，可使得绘制的墙体外面层朝外。

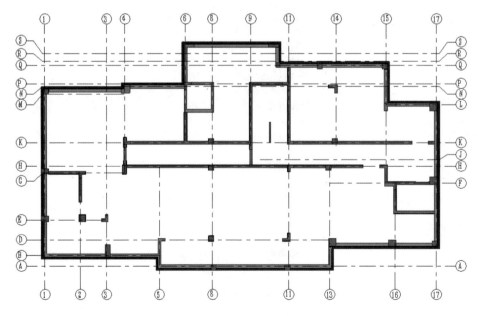

图6-43　绘制地下一层外墙外装饰

六、绘制地下一层挡墙内抹灰

在类型选择器中选择"地下室外墙内抹灰"类型,然后在墙的"属性"面板中,设置实例参数"底部限制条件"为"负一层",设置"底部偏移"为"－550.0",设置"顶部约束"为"直到标高:一层",设置"顶部偏移"为"－100",如图 6-44 所示。

选择"绘制"→"直线"命令,在"属性"面板的"限制条件"栏中设置"定位线"为"核心面:内部",如图 6-45 所示。墙的相关参数设置如图 6-46 所示。移动光标单击左键捕捉 A 轴和 1 轴交点,作为绘制墙体起点,按照图 6-47 所示沿逆时针方向绘制外墙轮廓。因为沿逆时针方向绘制可使得绘制的墙体内面层方向正确。

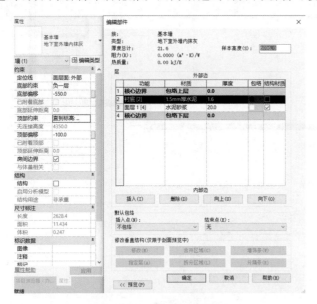

图 6-44　设置实例参数

图 6-45　选择定位线

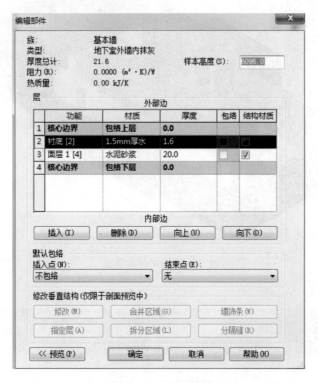

图 6-46　墙的属性

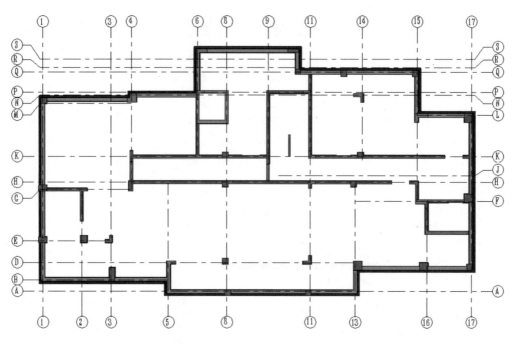

图 6-47　绘制地下一层外墙内抹灰

注：柱也需要对其进行抹灰，方法和前述一致，这里就不详细讲解了。

绘制完成后的地下一层墙体如图 6-48 所示，保存为文件"地下室墙.rvt"。

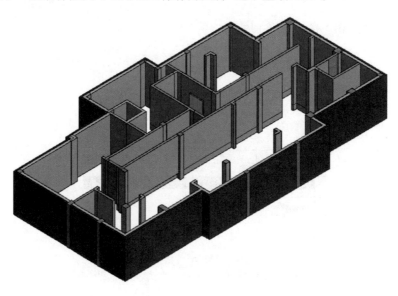

图 6-48　地下一层墙体

思考与习题

完成小别墅地下一层的墙体绘制。

单元 5 地下一层门、窗和楼板

在三维模型中,门、窗的模型与它们的平面表达并不是对应的剖切关系,这说明门、窗模型与平面、立面表达可以相对独立。此外,门、窗在项目中可以通过修改类型参数,如门、窗的宽和高、材质等,形成新的门、窗类型。门、窗主体为墙体,它们对墙具有依附关系,删除墙体,门窗也随之被删除。

一、插入地下一层门

打开"负一层"视图,选择"建筑"→"门"命令,或者使用快捷键:DR,在"类型(T)"下拉列表中选择"FM 甲-1"类型,编辑其类型属性,如图 6-49 所示。

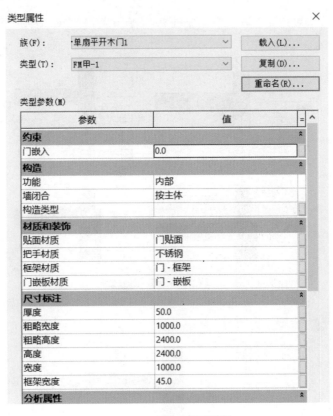

图 6-49 编辑门类型属性

选择"修改|放置门"→"在放置时进行标记"命令,对门进行自动标记。若要引入标记引线,应选中"引线"复选框并指定长度,如图 6-50 所示。

图 6-50 插入门

将光标移动到 4 号轴线在 H、K 轴线之间的墙体上,此时会显示门与周围墙体距离的灰色相对临时尺寸,如图 6-51 所示。这样可以通过相对尺寸大致捕捉门的位置。在平面视图中放置门之前,单击空格键可以调整门的开启方向。

在墙上的合适位置单击左键以放置门,调整临时尺寸标注上蓝色的控制点,拖动蓝色控制点到 K 轴,修改距离值为"350",得到"大头角"的距离,如图 6-52 所示。

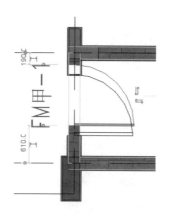

图 6-51　插入的门

此处也可以选择"修改"→"对齐"，或者使用快捷键 AL，将"FM 甲-1"对齐到底图 CAD 下方的门框处，如图 6-52 所示。

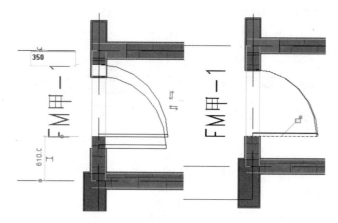

图 6-52　精准控制门的位置

"FM 甲-1"修改后的位置如图 6-53 所示。

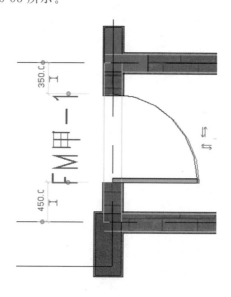

图 6-53　完成的 FM 甲-1

同理,在类型选择器中分别选择"FM 甲-2""FM 乙-1""FM 乙-2""FM 乙-3"门类型,按图 6-54 和图 6-55 所示的位置插入到地下一层墙上。

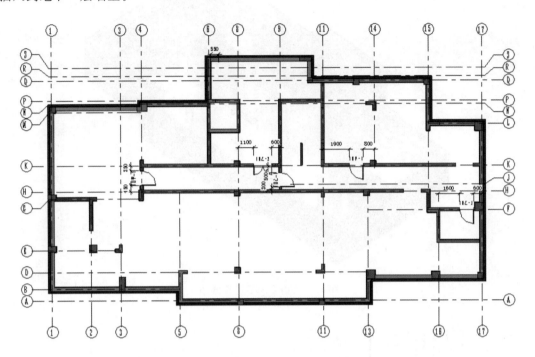

图 6-54　地下一层门窗全局

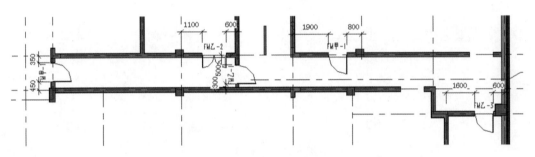

图 6-55　地下一层门窗局部放大

编辑完成后的地下一层门如图 6-56 所示,保存为文件"地下一层门.rvt"。

> 提示:在插入门的过程中,门只能自动剪切一道墙,这时需要对抹灰层进行墙轮廓编辑,把门洞挖出来,这里采用"隔离图元"的方式将其隔离出来,如图6-57所示。

二、创建地下一层楼板

在"项目浏览器"中,双击"楼层平面:架空层",打开地下架空层平面视图。

选择"建筑"→"楼板"命令,进入楼板绘制模式。在"属性"面板中选择楼板类型为"现场浇注混凝土 100 mm",如图 6-58 所示。

选择"绘制"→"拾取墙"命令,在选项栏中设置偏移为:"-20",移动光标到外墙外边线上,依次单击拾取外墙外边线,自动创建楼板轮廓线,如图 6-59 所示。拾取墙创建的轮廓线自动和墙体保持关联关系。

单击"完成" 按钮,完成地下一层楼板的创建。在弹出的如图 6-60 所示的对话框中单击"是(Y)"按钮。

创建的地下一层楼板如图 6-61 所示。保存完成后的结果为"地下一层全.rvt"。

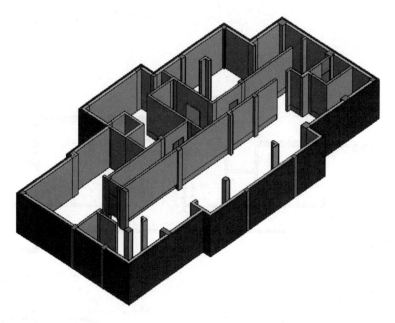

图 6-56　地下一层门三维图

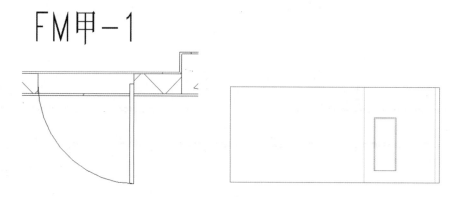

图 6-57　隔离图元

图 6-58　楼板属性设置

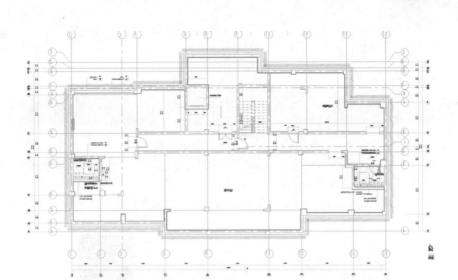

图 6-59　绘制楼板轮廓线

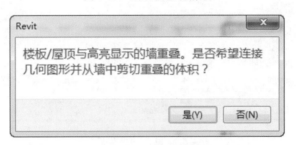

图 6-60　提示对话框

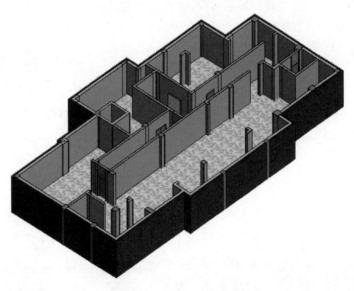

图 6-61　地下一层楼板

单元小结

　　在本节中地下一层的创建已基本完成，从建立标高→建立轴网→放置柱→创建墙体→放置门窗→创建楼板整个过程中，由于每个图元都在样板文件中已事先创建并定义好了，所以减少了新建族文件的过程。后面两层的创建除了建立标高、轴网之外，其过程与地下一层一致。

单元 6　首层墙柱、门、窗和楼板

○　○　○

一、一层柱的绘制　▼

在"项目浏览器"中双击"楼层平面"项下的"一层"，打开一层平面视图。

选择"插入"→"导入"→"导入CAD"，选择"一层平面图.dwg"，注意选中"仅当前视图（U）"复选框，"导入单位（S）"选择为"毫米"，其他参数选择默认值即可，如图6-62所示。

图 6-62　导入一层平面图

选择"修改"→"移动"命令，或者使用快捷键MV，将导入的CAD图的1/A交点与绘制的轴网1/A交点重合，这样可以保证后期绘制图形的准确性。

二、图层可见性的设置　▼

由于在导入CAD图的过程中将所有的图层都进行了导入，故在绘制一层柱前需要先对图层进行过滤。

选择"视图"→"图形"→"可见性/图形"，或者使用快捷键VG，在弹出的"楼层平面：一层0.000的可见性/图形替换"对话框中进入"导入的类别"选项卡，勾选需要显示的图层，如图6-63所示。

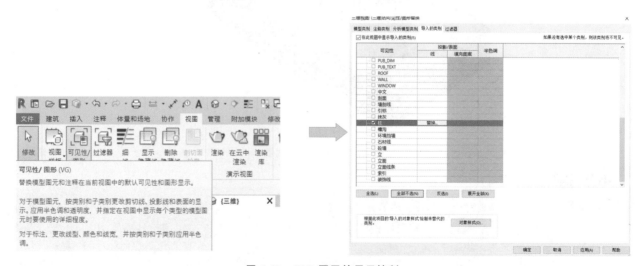

图 6-63　CAD 图层的显示控制

单击"确定"按钮,绘图界面如图 6-64 所示。

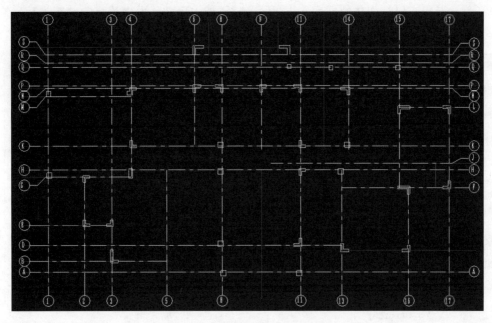

图 6-64　处理后的一层 CAD 图

三、绘制一层柱 ▼

选择"建筑"→"构建"→"柱-结构柱",在"属性"面板的类型选择器中单击"编辑类型"按钮,或者选择"结构"→"属性"→"类型属性",打开"类型属性"对话框,将其复制更名为"400×400 mm",按照图 6-65 所示修改柱参数。

图 6-65　设置柱属性

依次设置其他同类型柱的参数。

L型柱和Z型柱与负一层结构柱的插入方法相同,选择"插入"→"从库中载入"→"载入族",在"载入族"对话框中选择"Z型柱",将其载入到项目中来,如图6-66所示。

图 6-66　载入 Z 型柱

一层柱绘制完毕,保存为"一层柱图",如图6-67所示。

四、绘制一层外墙 ▼

在"项目浏览器"中,双击"楼层平面:一层",打开一层平面视图。

选择"视图"→"图形"→"可见性/图形",或者使用快捷键VG,在弹出的"楼层平面:一层0.000的可见性/图形替换"对话框中进入"导入的类别"选项卡,勾选需要显示的图层,如图6-68所示。

单击"确定"按钮,绘图界面如图6-69所示。

选择"建筑"→"墙"命令,在类型选择器中选择"基本墙 加气混凝土砌块外墙200"类型,如图6-70所示。

选择"绘制"→"直线"命令,在"属性"面板的"限制条件"栏中设置"定位线"为"核心层中心线",在"限制条件"栏中直接设置实例参数"底部限制条件"为"一层(0.000)",设置"底部偏移"为"－100",设置"顶部约束"为"直到标高:二层"。

按图6-71所示的外墙轮廓,捕捉轴线交点,绘制"加气混凝土砌块外墙200"一层外墙。每绘制完一段,按Esc键则可重新绘制另一段墙,按两次Esc键则退出墙编辑模式。

一层外墙的三维图如图6-72所示。

五、绘制一层内墙 ▼

选择"建筑"→"墙"命令,在类型选择器中选择"基本墙 内部砌块墙200"类型。

选择"绘制"→"直线"命令,在"属性"面板的"限制条件"栏中设置"定位线"为"墙中心线",在"限制条件"栏中直接设置实例参数"底部限制条件"为"一层",设置"顶部限制条件"为"直到标高:二层"。

Z 型剪力墙

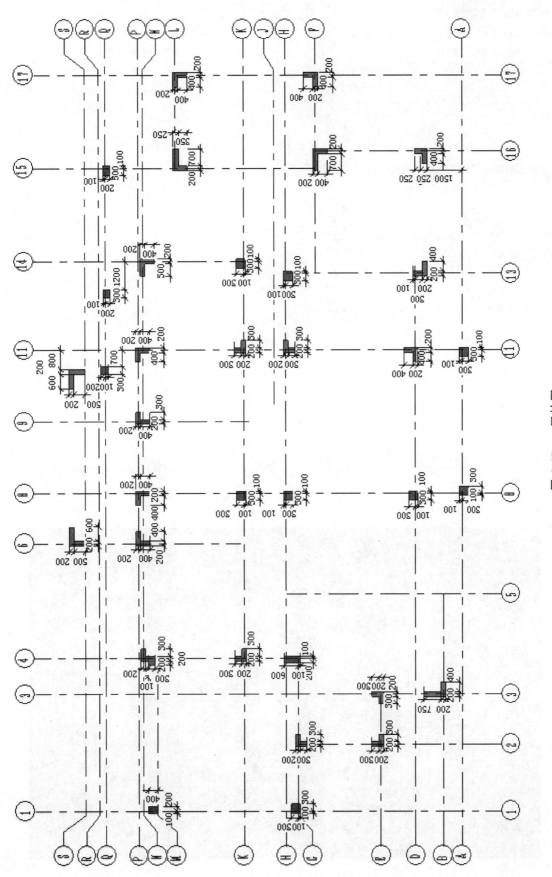

图 6-67 一层柱图

图 6-68　图层可见性设置

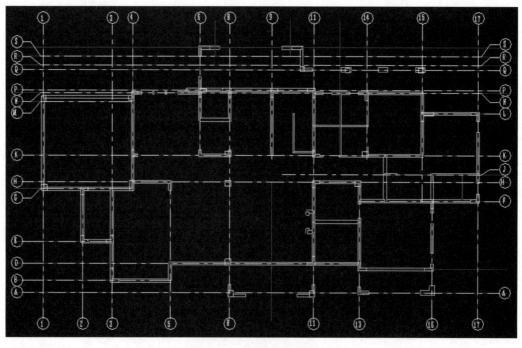

图 6-69　处理后的 CAD

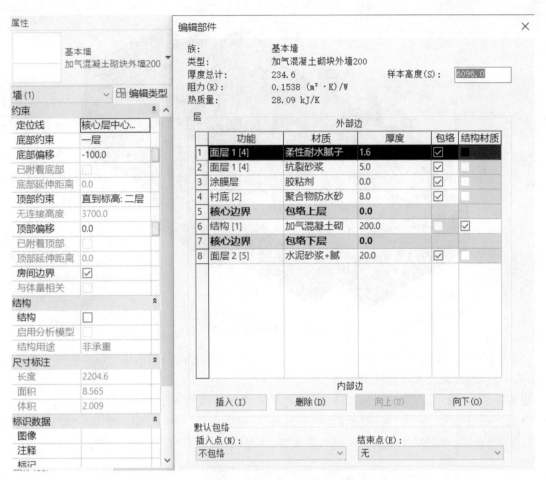

图 6-70　选择一层外墙类型

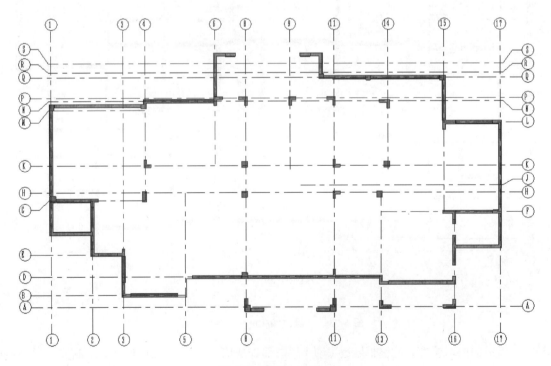

图 6-71　绘制一层外墙

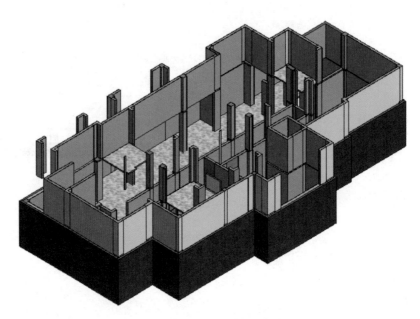

图 6-72   一层外墙三维图

按图 6-73 所示的内墙轮廓,捕捉轴线交点,绘制"内部砌块墙 200"的一层内墙。每绘制完一段,按 Esc 键则可重新绘制另一段墙,按两次 Esc 键则退出墙编辑模式。

选择"建筑"→"墙"命令,在类型选择器中选择"基本墙 内部砌块墙 100"类型。

选择"绘制"→"直线"命令,在"属性"面板的"限制条件"栏中设置"定位线"为"墙中心线",在"限制条件"栏中直接设置实例参数"底部限制条件"为"一层",设置"顶部限制条件"为"直到标高:二层"。

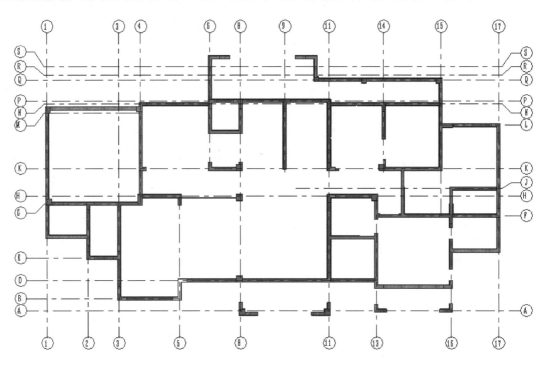

图 6-73   一层内墙 200 mm 的绘制

按图 6-74 所示的内墙轮廓,捕捉轴线交点,绘制"内部砌块墙 100"的一层内墙。每绘制完一段,按 Esc 键则可重新绘制另一段墙,按两次 Esc 键则退出墙编辑模式。

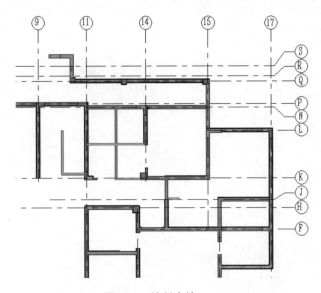

图 6-74 绘制内墙 100 mm

提示：如果内墙与外墙的墙体方向平行，可使用"对齐"命令 ，或者使用快捷键 AL，使内墙的墙面与外墙的墙面对齐。

完成后的首层墙体如图 6-75 所示，保存为文件"一层墙.rvt"。

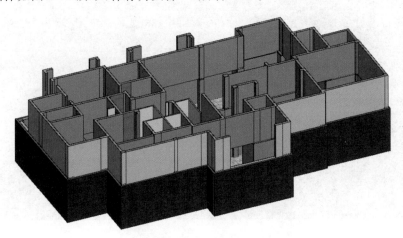

图 6-75 一层墙三维图

六、插入和编辑门窗

在"视图"面板中，选择"图形"→"可见性/图形"或使用快捷键 VG，在弹出的"楼层平面：一层 0.000 的可见性/图形替换"对话框中进入"导入的类别"选项卡，勾选需要显示的图层，如图 6-76 所示。

单击"确定"按钮，绘图界面如图 6-77 所示。

不同类型的窗

1. 插入一层窗

选择"建筑"→"窗"命令，在类型选择器中选择窗类型"C0617"，在轴线 1/G～M 墙上单击并放置窗，选择"修改"→"对齐"命令，或者使用快捷键 AL 使底图 CAD 窗的位置对齐，按图 6-78 所示的尺寸位置精确定位。

编辑窗台的高度。在平面视图中选择窗，在"属性"面板的"限制条件"栏中，修改"底高度"参数值，调整窗户的窗台高为 900 mm，完成的窗 C0617 三维图如图 6-79 所示。

图 6-76　图层可见性的设置

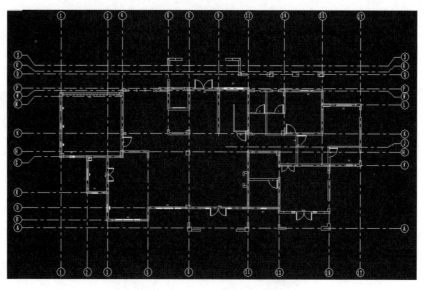

图 6-77　处理后的 CAD 图

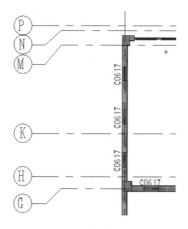

图 6-78　窗定位图

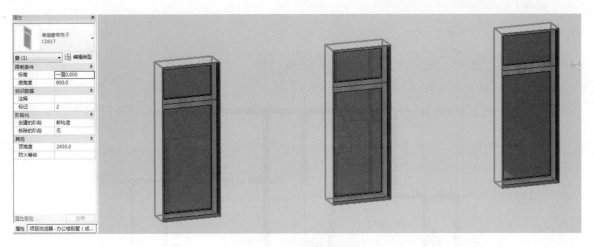

图 6-79　完成的窗 C0617

在类型选择器中分别选择"C0617"、"C0619"、"C1219"、"C07(5)19"、"C2625"、"C1625"、"C2012"、"C2626-1"类型,按图 6-82 所示窗的位置,使用"对齐"(AL)命令在墙上将窗放置在对应的位置。

编辑上述窗台的高度。在平面视图中选择窗,在"属性"面板的"限制条件"栏中,修改"底高度"参数值,调整窗户的窗台高。各窗的窗台高设置如下:"C0617"为 900 mm、"C0619"为900 mm、"C1219"为 900 mm、"C07(5)19"为900 mm、"C2625"为 300 mm、"C1625"为 300 mm、"C2012"为 0 mm、"C2626-1"为 200 mm。

门及门连窗

一层窗插入完毕后,接下来进行门的插入。

2. 插入一层门

选择"建筑"→"门"命令,在类型选择器中选择门类型:"M1828",在 8～9/P 轴线墙上单击放置窗,并编辑临时尺寸,或使用"对齐"(AL)命令,按图 6-80 所示的尺寸位置精确定位。

完成的门 M1828 的三维图如图 6-81 所示。

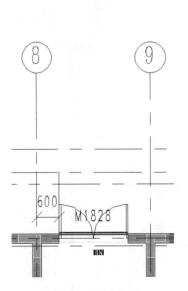

图 6-80　门定位图

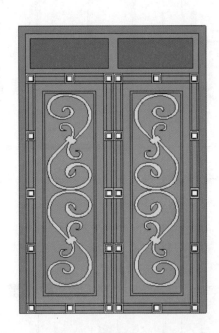

图 6-81　完成的 M1828

在类型选择器中分别选择 "JLM5528"、"M1628"、"MLC2628"、"FM 乙-2"、"MLC2628"、"M1"、"M2""M3"类型,按图 6-82 所示门的位置,在墙上单击将门放置在对应的位置。

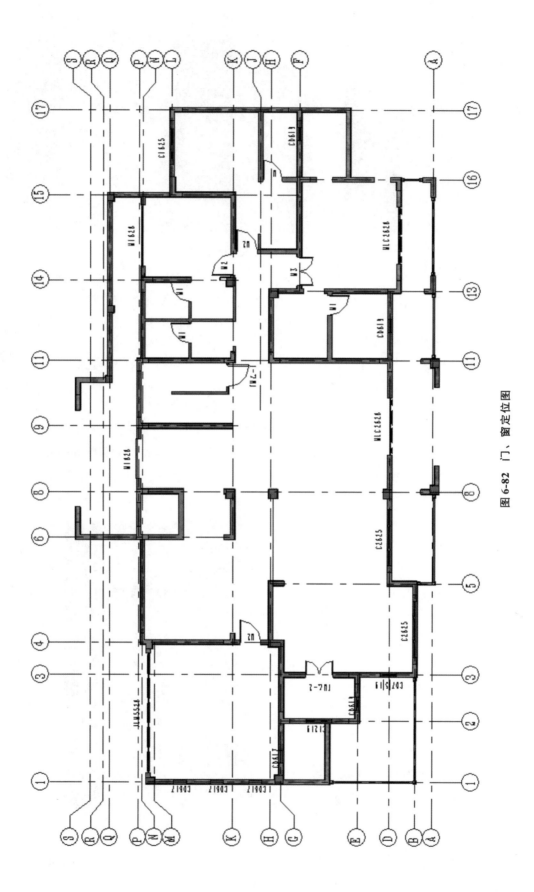

图6-82　门、窗定位图

完成的一层门窗如图 6-83 所示。

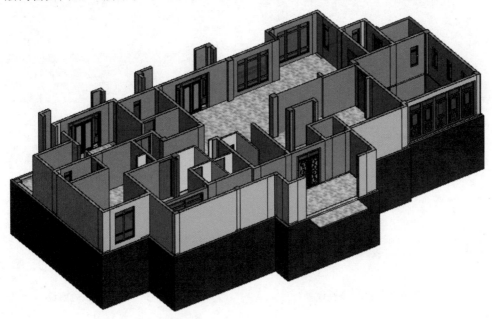

图 6-83　一层门、窗三维图

技巧： 图 6-82 中的尺寸标注部分为到墙体边缘的距离，部分为到墙中心线的距离。放置门、窗前可选择"设置"→"设置"→"其他设置"→"临时尺寸标注"，在弹出的"临时尺寸标注属性"对话框中，在"墙"选项组中选中"面(F)"单选框，在"门和窗"选项组中选中"洞口(O)"单选框，如图 6-84 所示。这样可根据图形快速定位门、窗的位置；或者也可通过调整临时尺寸边界来定位门、窗的位置。

图 6-84　临时尺寸标注属性

七、创建一层楼板

在"项目浏览器"中，双击"楼层平面：一层"，打开一层平面视图。

（1）选择"建筑"→"楼板"命令，进入楼板绘制模式。在"属性"面板中选择楼板类型为"楼板　100 mm 厚楼板"，如图 6-85(a)所示。

（2）选择"绘制"→"拾取墙"命令，在选项栏中设置偏移为："－20"，移动光标到外墙外边线上，依次单击拾取外墙外边线，自动创建楼板轮廓线，如图 6-86 所示。拾取墙创建的轮廓线自动和墙体保持关联关系。

（3）单击"完成"✔按钮，完成一层楼板的创建。在弹出的提示对话框中单击"否（N）"按钮，如图6-87所示。

(a)

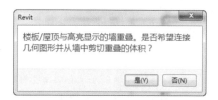

(b)

图 6-85　楼板属性设置

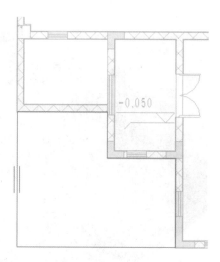

图 6-86　绘制楼板轮廓线

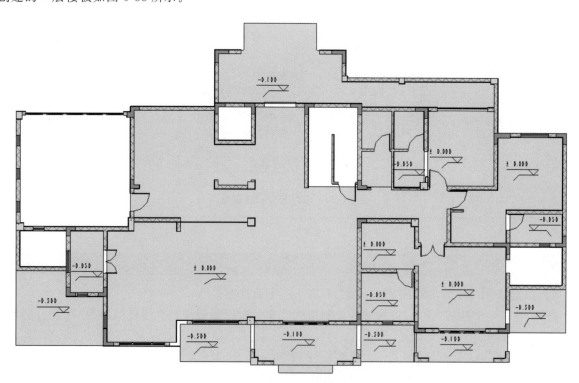

图 6-87　提示对话框

创建的一层楼板如图 6-88 所示。

图 6-88　一层楼板示意图

单元 7　二层墙柱、门、窗和楼板

● ○ ○ ○

一、二层柱的绘制 ▼

在"项目浏览器"中双击"楼层平面"项下的"二层",打开二层平面视图。

选择"插入"→"导入"→"导入 CAD",在弹出的"导入 CAD 格式"对话框中选择"二层平面图.dwg",注意选中"仅当前视图(U)"复选框,"导入单位(S)"选择为"毫米",其他参数为默认值即可,如图 6-89 所示。

图 6-89　导入二层平面图

选择"修改"→"移动"命令,或者使用快捷键 MV,将导入的 CAD 图的 1/A 交点与绘制的轴网 1/A 交点重合,这样可以保证后期绘制图形的准确性。

二、图层可见性的设置 ▼

由于在导入 CAD 图的过程中将所有的图层都进行了导入,故在绘制二层柱前我们需要先对图层进行过滤。

选择"视图"→"图形"→"可见性/图形",或者使用快捷键 VG,在弹出的"楼层平面:2 层 3.600 的可见性/图形替换"对话框中进入"导入的类别"选项卡,勾选需要显示的图层,如图 6-90 所示。

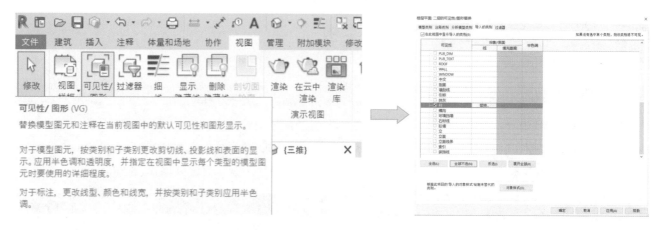

图 6-90　CAD 图层的显示控制

单击"确定"按钮,绘图界面如图 6-91 所示。

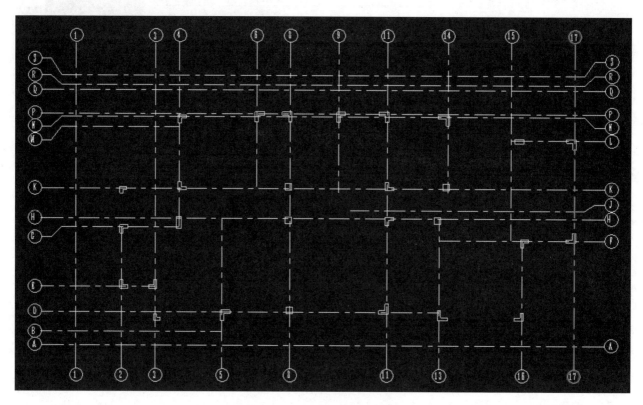

图 6-91　处理后的二层 CAD 图

三、绘制二层柱 ▼

　　选择"建筑"→"构建"→"柱-结构柱",在"属性"面板的类型选择器中单击"编辑类型"按钮,或者选择"结构"→"属性"→"类型属性",打开"类型属性"对话框,依次选择对应的柱类型,并选择"修改"→"对齐"命令,或者使用快捷键 AL,将绘制的柱与 CAD 图中对应的柱对齐。

　　二层柱绘制完毕,保存为"二层柱图",如图 6-92 所示。

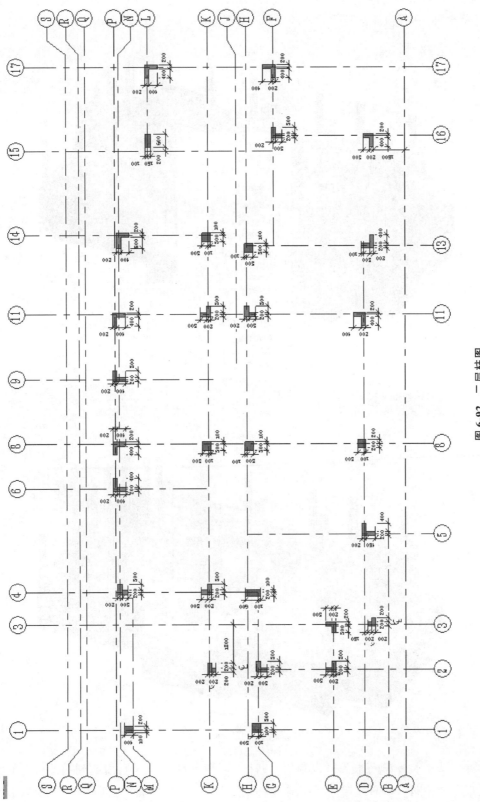

图 6-92　二层柱图

四、复制一层外墙

切换到三维视图，右击一层的外墙，在弹出的右键快捷菜单中选择"选择全部实例（A）"→"在视图中可见（V）"，一层外墙将全部选中，构件呈蓝色亮显，如图 6-93 所示。

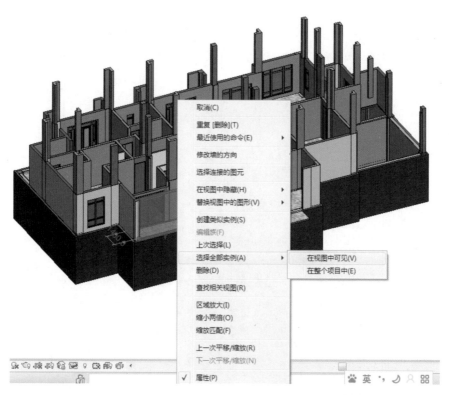

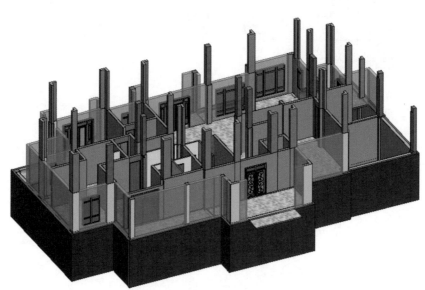

图 6-93　选中一层外墙

选择"修改|墙"选项卡→"剪贴板"→"复制到剪贴板" 命令，将所有构件复制到粘贴板中备用。

选择"剪贴板"→"粘贴"→"与选定的标高对齐"命令，打开"选择标高"对话框，如图 6-94 所示。选择"二层"，单击"确定"按钮。

图 6-94　"选择标高"对话框

一层平面的外墙都被复制到二层平面,同时由于门、窗默认为是依附于墙体的构件,所以一并被复制,如图 6-95 所示。

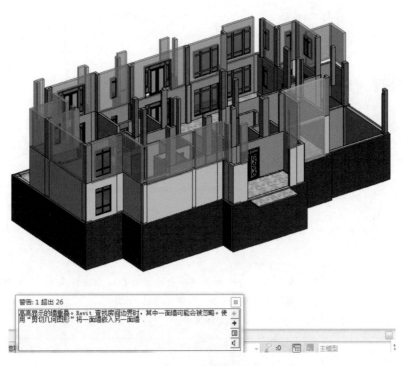

图 6-95　一层外墙的创建

在"项目浏览器"中双击"楼层平面"项下的"二层",打开二层平面视图,如图 6-96(a)所示,框选所有构件,单击右下角的 🔽 按钮,打开"过滤器"对话框,如图 6-96(b)所示,不选中"墙"、"轴网"复选框,单击"确定"按钮,选择所有门、窗。按 Delete 键,删除所有门、窗。

提示:"警告:1 超出 26"对话框中的提示表明墙体发生了重叠。复制上来的二层外墙高度和一层的一样高,如果一层的外墙高度与二层的外墙高度不一样,这时还需要修改二层外墙的底部偏移。

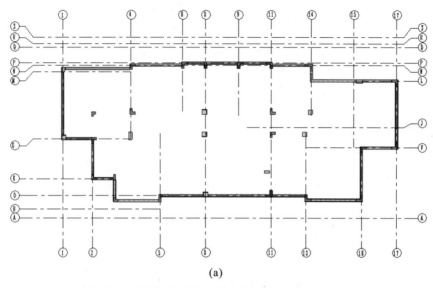

(a)

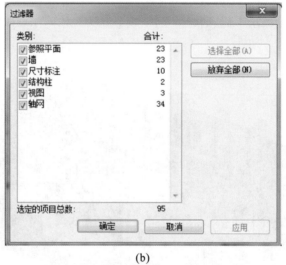

(b)

图 6-96　过滤器的使用

　　技巧：过滤器是按构件类别快速选择一类或几类构件最方便快捷的方法。过滤选择集时，当类别很多，需要选择的很少时，可以先单击"放弃全部（N）"按钮，再选中"墙"等需要的类别；当需要选择的很多，而不需要选择的相对较少时，可以先单击"选择全部（A）"按钮，不选中不需要的类别，从而可以提高选择效率。

　　技巧："复制到剪贴板"工具与"复制"工具不同。要复制某个选定图元并立即放置该图元时（如在同一个视图中），可使用"复制"工具。在某些情况下可使用"复制到剪贴板"工具，如需要在放置副本之前切换视图时，"复制到剪贴板"工具可将一个或多个图元复制到剪贴板中，然后使用"从剪贴板中粘贴"工具或"与选定的标高对齐"工具将图元的副本粘贴到其他项目中或视图中，从而实现多个图元的传递。

　　技巧：在 Revit 软件中创建图元没有严格的先后顺序，所以用户可以随时根据需要绘制或复制创建楼层平面视图。

BIM技术项目实例教程：建筑部分

五、编辑二层外墙 ▼

选中 1~2/E~G 轴线之间的外墙，按 Delete 键删除，选中 2 号轴线上 E、G 轴线之间的外墙，向上拖动端部蓝色圆点至 K 轴线，同时绘制 2~4/K 轴线之间的墙体，如图 6-97 所示。

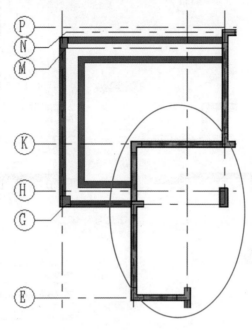

图 6-97　绘制二层外墙一

选中 3~5/B 轴线间的外墙，按 Delete 键删除，选择"建筑"→"墙"→"加气混凝土砌块外墙 200"，绘制 3~5/B~D 轴线间的外墙，如图 6-98 所示。

选中 16~17/A~F 轴线间的外墙，按 Delete 键删除，如图 6-99 所示。

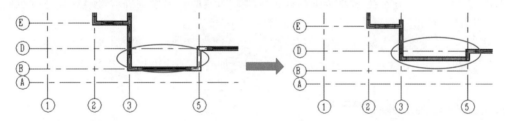

图 6-98　绘制二层外墙二

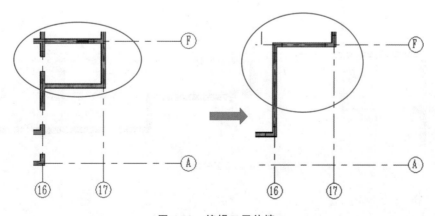

图 6-99　编辑二层外墙一

修改 6~11/P~S 之间的墙体,墙体属性设置如下。

在"属性"面板的"限制条件"栏中,设置实例参数"底部限制条件"为"二层",设置"底部偏移"为"0",设置"顶部约束"为"未连接",设置"顶部偏移"为 1250mm,如图 6-100 和图 6-101 所示绘制"加气混凝土砌块外墙 200"。

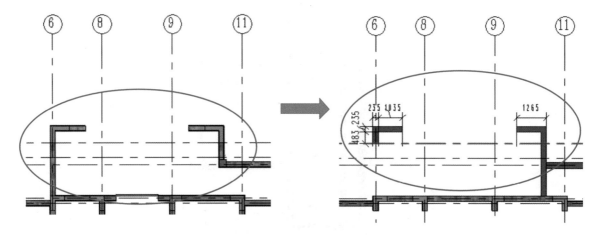

图 6-100　编辑二层外墙二

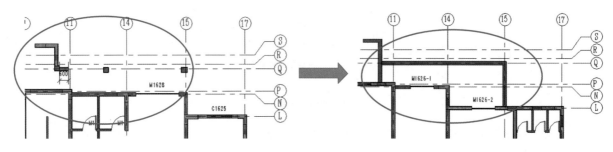

图 6-101　编辑二层外墙三

选择"建筑"→"墙"命令,在类型选择器中选择"基本墙 加气混凝土砌块外墙 200",选择"绘制"→"直线"命令,在选项栏中设置"定位线"为"墙中心线"。

在"属性"面板中,设置实例参数"底部限制条件"为"二层",设置"底部偏移"为"0",设置"顶部约束"为"未连接",设置"顶部偏移"为 1 050 mm,如图 6-102 所示绘制"加气混凝土砌块外墙 200"。

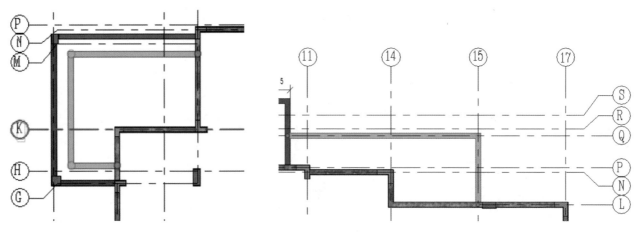

图 6-102　二层外墙的绘制

提示：在绘制墙的时候,墙一边会出现双向箭头,代表墙的内外,如图 6-103 所示,单击可改变墙的内、外位置。

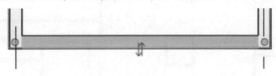

图 6-103　墙体的内外演示

技巧：Tab 键的妙用：①切换选择对象来帮助快速捕捉选取,如选中的是墙中心线,可以按 Tab 键来选取墙外边线；②可选取头尾相连的多面墙体。总之,Tab 键在选择图元中是必不可少的。

六、绘制二层内墙

下面绘制二层平面内墙。

选择“建筑”→“墙”命令,在类型选择器中选择“基本墙 内墙砌块墙 200”,选择“绘制”→“直线”命令,在选项栏中设置“定位线”为“墙中心线”。

在“属性”面板中,设置实例参数“底部限制条件”为“二层”,设置“顶部约束”为“直到标高:屋顶”,如图 6-104 所示绘制 200 mm 内墙。

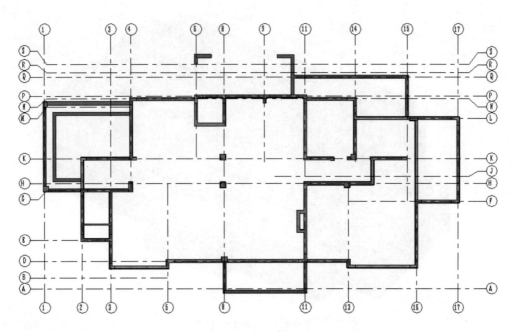

图 6-104　二层内墙的绘制

在类型选择器中选择“基本墙 内墙 100 mm”类型,选择“绘制”→“直线”命令,在选项栏中设置“定位线”为“墙中心线”。

在“属性”面板中,设置实例参数“底部限制条件”为“二层”,设置“顶部约束”为“直到标高:屋顶”,如图 6-105 绘制 100 mm 内墙。

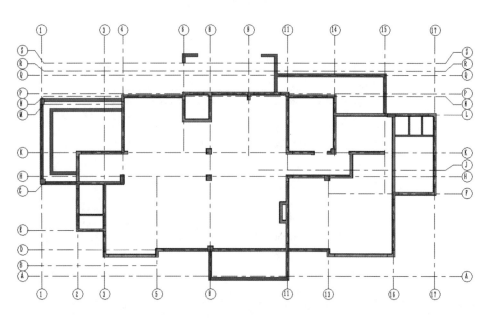

图 6-105　绘制完成的二层内墙

> **提示**：如果内墙与外墙的墙体方向平行，可使用"对齐" ▦ 命令，或者使用快捷键 AL，使内墙的墙面与外墙的墙面对齐。

完成后的首层墙体如图 6-106 所示，保存为文件"二层墙.rvt"。

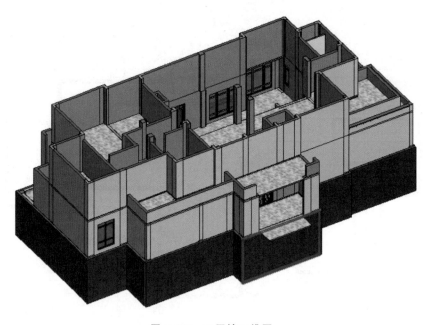

图 6-106　二层墙三维图

七、插入和编辑二层门、窗

编辑完成二层平面内、外墙体后，即可创建二层门、窗。门、窗的插入和编辑方法与前面介绍的一层门、窗的创建方法相同。

（1）在"项目浏览器"的"楼层平面"项下双击"二层"，打开二层楼层平面。

（2）导入二层 CAD 图，并通过选择"视图"→"可见性/图形"来控制 CAD 图。

（3）选择"建筑"→"门"命令，在类型选择器中分别选择门类型："M1"、"M3"、"M4"、"M1626-1"、"M1626-2"，按图 6-107 所示的位置移动光标到墙体上单击放置门，对门选择"修改"→"对齐"命令将其对齐到 CAD 底图中，或编辑临时尺寸，按图 6-107 所示的尺寸位置精确定位。

（4）选择"建筑"→"窗"命令，在类型选择器中分别选择窗类型："C0615(5)"、"C2626-1"、"C2617"、"C2713(5)"、"C1617"、"MLC2626"、"C07(5)17"、"C1617"、"C07(5)15(5)"、"C2023"、"C2626-2"、"C1623"，按图 6-107 所示的位置移动光标到墙体上单击放置窗，对窗选择"修改"→"对齐"命令将其对齐到 CAD 底图中，或编辑临时尺寸，按图 6-107 所示的尺寸位置精确定位。

（5）编辑窗台的高度。在平面视图中选择窗，在"属性"面板中，修改"底高度"参数值，调整窗户的窗台高度。各窗的窗台高分别如下："C0615(5)"为 1050 mm、"C2626-1"为 200 mm、"C2617"为 900 mm、"C2713(5)"为 1 800 mm、"C1617"为 900 mm、"MLC2626"为 300 mm、"C07(5)17"为 900 mm、"C1617"为 900 mm、"C07(5)15(5)"为 1050 mm、"C2023"为 300 mm、"C2626-2"为 200 mm、"C1623"为 300 mm。

二层门、窗编辑完成后的效果如图 6-108 所示。

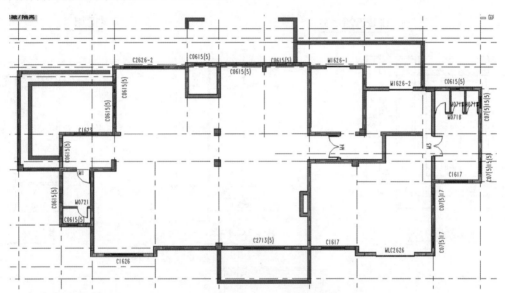

图 6-107 二层门、窗示意

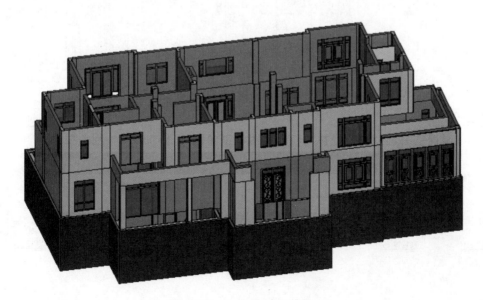

图 6-108 二层门、窗三维图

八、门、窗大样图

门、窗大样图如图 6-109 所示。

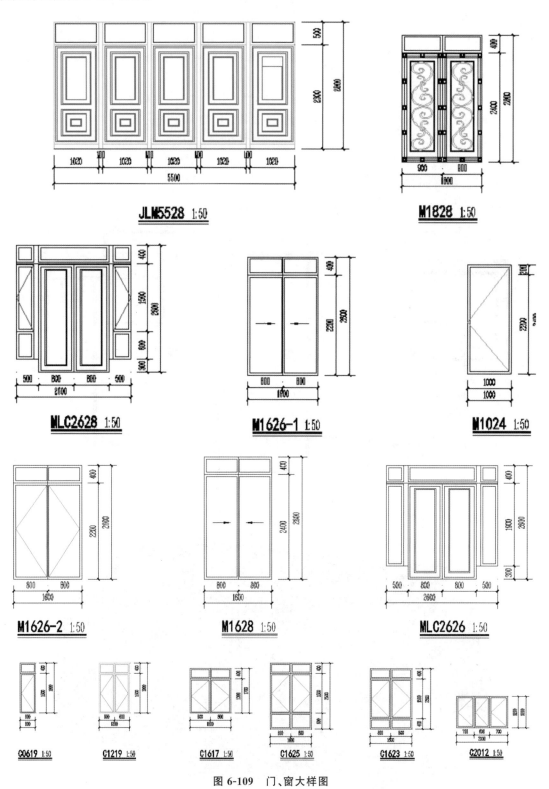

图 6-109　门、窗大样图

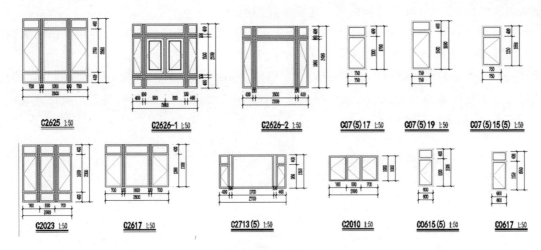

续图 6-109

内门的门、窗规格如表 6-1 所示。

表 6-1　内门规格

类　别	设计编号	门、窗规格		备　注
		宽/mm	高/mm	
内门	M1	900	3100	平开门
	M2	1000	3100	
	M3	1300	3100	
	M4	1400	3100	
	M	700	2100	

技巧：图 6-109 所示的尺寸标注，部分为到墙体边缘的距离，部分为到墙中心线的距离。放置门、窗前可通过选择"设置"→"其他设置"→"临时尺寸标注"，在弹出的"临时尺寸标注属性"对话框中的"墙"选项组中选中"面(F)"单选框，以及在"门和窗"选项组中选中"洞口(O)"单选框，如图 6-110 所示。这样可根据图形快速定位门、窗位置，或者也可通过调整临时尺寸边界来定位门、窗位置。

图 6-110　临时尺寸标注属性

九、创建二层楼板

下面为别墅创建二层楼板。Revit 软件可以根据墙来创建楼板边界轮廓线，从而自动创建楼板，在楼板和墙体之间保持关联关系，当墙体位置改变后，楼板也会自动更新。

打开二层平面，选择"建筑"→"楼板：建筑"命令，如图 6-111 所示，进入楼板绘制模式后，在"属性"面板中选择"楼板 现场浇筑混凝土 100 mm"，不同标高的楼板需分别创建。

选择"拾取墙"命令，移动光标到外墙外边线上，依次单击拾取外墙外边线来自动创建楼板轮廓线，如图 6-112 所示，拾取墙创建的轮廓线自动和墙体保持关联关系，如图 6-112 所示。

检查确认轮廓线完全封闭。既可以通过工具栏中"修剪" 命令，修剪轮廓线使其封闭，也可以通过光标拖动迹线端点移动到合适位置来实现，Revit 软件将会自动捕捉附近的其他轮廓线的端点。当完成楼板绘制时，如果轮廓线没有封闭，系统会自动提示。

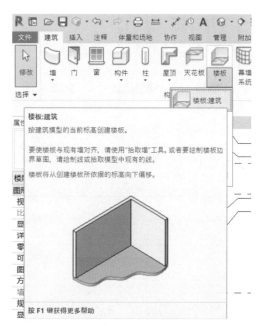

图 6-111　选择楼板

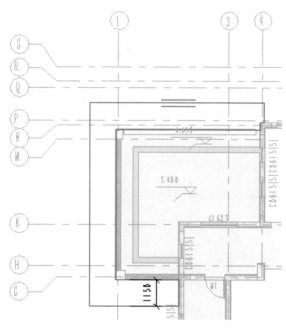

图 6-112　绘制楼板轮廓线

也可以选择"绘制"→"拾取线" 命令，或者选择"绘制"→"直线"命令，绘制封闭楼板轮廓线。

单击"完成绘制"绿色按钮完成创建二层楼板，结果如图 6-113 所示。保存为文件"二层楼板.rvt"。

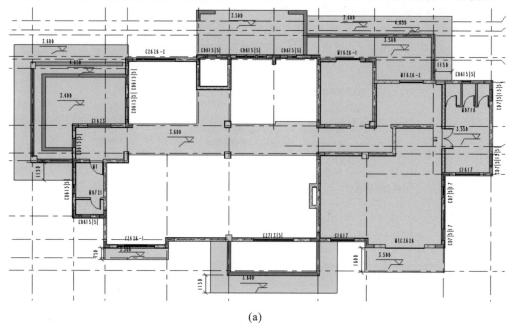

(a)

图 6-113　绘制完成的二层楼板

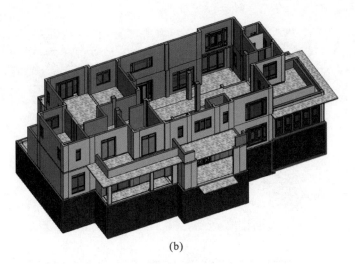

(b)

续图 6-113

提示:楼板轮廓必须是闭合回路,如编辑后无法完成楼板,检查轮廓线是否有未闭合或重叠的情况。

提示:连接几何图形并剪切重叠体积后,在剖面图上可看到墙体和楼板的交接位置将自动处理。

技巧:当使用拾取墙时,可以在选项栏选中"延伸到墙中(至核心层)"复选框,设置到墙体核心的"偏移"参数值,然后再单击拾取墙体,直接创建带偏移的楼板轮廓线。与绘制好边界后再使用偏移工具的作用是一样的。

技巧:要在二层平面上看到一层平面上的构件,有如下两个方法:①在"属性"面板中,设置"底图"栏的参数,如图 6-114(a)所示;②在"属性"面板中,单击"视图范围"右侧的"编辑..."按钮,如图 6-114(b)所示,在"视图范围"对话框中调整底部参考及限制高度,如图 6-114(c)所示。

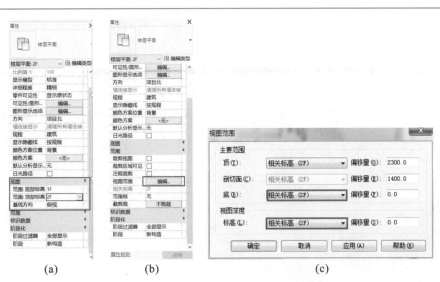

(a)　　　　　　(b)　　　　　　　　　　　(c)

图 6-114　视图范围的显示示意

❝ 单元小结

　　本单元学习了整体复制、对齐粘贴，以及墙的常用编辑方法；复习了墙体的绘制方法，以及门、窗的插入和编辑方法，学习了楼板的创建方法。从下一单元将开始创建二层平面主体构件。

❝ 思考与习题

　　1．插入并编辑小别墅负一层、一层和二层的门、窗。

　　2．绘制小别墅负一层、一层和二层楼板的墙体。

应用拓展

　　至此，三层的主体构件已基本完成创建，对于基本的墙、门、窗、板的绘制应熟练掌握。在整个绘制的过程中，可以发现结合修改功能快捷键的使用能大大提高绘图的效率。前面使用的修改功能包括偏移、对齐、复制、修剪，除此之外未使用的有移动、阵列、镜像、拆分图元。下面简单介绍一下。

　　（1）移动✦✦（快捷键：MV）：用于将选定的图元移动到当前视图中指定的位置。在视图中可以直接拖动图元移动，但是"移动"功能可帮助准确定位构件的位置。

　　（2）阵列⊟⊟（快捷键：AR）：用于创建选定图元的线性阵列或半径阵列，通过"阵列"可创建一个或多个图元的多个实例，与复制功能不同的是，复制需要一个个的复制过去，但阵列可指定数量，在某段距离中自动生成一定数量的图元，如百叶窗中的百叶。

　　（3）镜像▷◁ ▷◁（快捷键：MM/DM）：镜像分为两种，一种是拾取线或边作为对称轴后，直接镜像图元；另一种是没有可拾取的线或边时，则可绘制参照平面作为对称轴镜像图元，对于两边对称的构件，通过镜像可以大大提高工作效率。

　　（4）拆分图元◖╎◗（快捷键：SL）：拆分图元是指在选定点剪切图元（如墙或线等），或者删除两点之间的线段，常结合修剪命令一起使用。如图 6-115 所示的一面黑色墙体，先使用"拆分图元"功能将该面墙分成两段，再使用"修剪"功能可将其修剪成所需的状态。

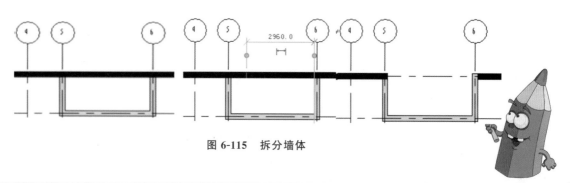

图 6-115　拆分墙体

单元 8 屋顶

一、绘制一层檐口 ▼

檐口造型在 Revit 软件中没有现成的族,可以通过内建模型、在位族、外部构件族、楼板边缘等多种方式来创建。本节中将介绍使用"楼板边缘"命令创建檐口的方法。

创建挑檐造型轮廓,先选择"新建"→"族"命令,再选择"公制轮廓",如图 6-116 所示绘制出轮廓图。

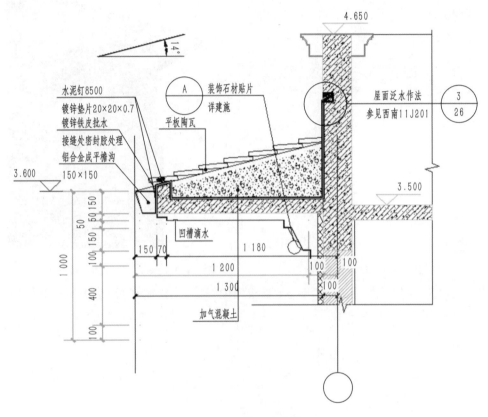

图 6-116 檐口大样图

选择"建筑"→"楼板:楼板边",新建楼板边缘,选择"楼板边缘"→"檐口造型",在"类型属性"对话框中设置"轮廓"为"挑檐:挑檐"。轮廓处选择已经绘制好的挑檐形状,如图 6-117 所示。檐口的相关参数设置参考图6-118 中的设置。

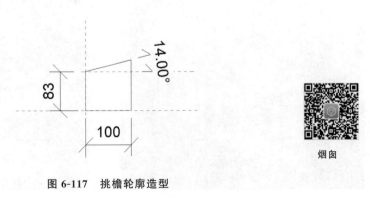

图 6-117 挑檐轮廓造型

烟囱

移动光标到上述绘制楼板的水平上边缘处,边线高亮显示时单击鼠标放置楼板边缘。使用"楼板边缘"命令生成的檐口如图 6-119 所示。

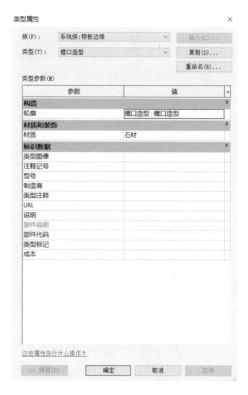

图 6-118　檐口轮廓

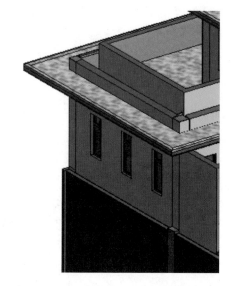

图 6-119　1～4/E～Q 间的挑檐绘制效果

类似地,分别创建 6～12/A～D、10～17/L～S 轴线间的挑檐,先绘制楼板,楼板的长宽边界参照与之紧密相邻的墙的外边界的尺寸示意,如图 6-120 所示,完成绘制后,同样采用"楼板边缘"命令放置,挑檐造型结果如图 6-121 所示。

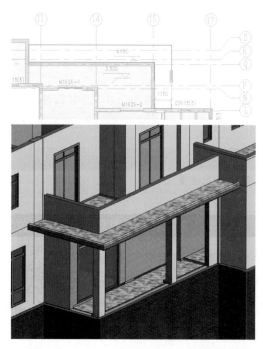

图 6-120　10～17/L～S 间的挑檐绘制效果

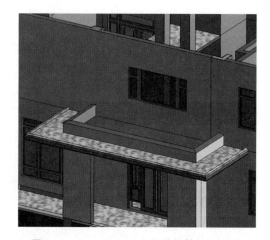

图 6-121　6～12/A～D 间的挑檐绘制效果

提示：如果楼板边的线段在角部相遇，它们会相互拼接。

绘制过程中可通过使用水平轴和垂直轴来翻转轮廓，如图 6-122 所示。

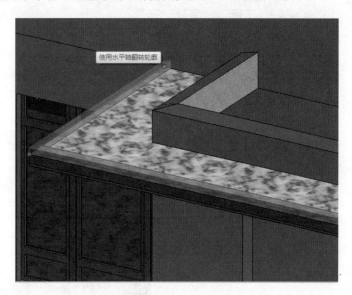

图 6-122　翻转轮廓

二、绘制一层屋顶

屋顶是建筑的重要组成部分。在 Revit 软件中提供了多种建模工具，如迹线屋顶、拉伸屋顶、面屋顶、玻璃斜窗等创建屋顶的常规工具。此外，对于一些特殊造型的屋顶，还可以通过内建模型的工具来创建。

1．创建一层迹线屋顶

在二层平面中，选择"建筑"→"屋顶"→"迹线屋顶"，选择"绘制"→"拾取线"命令，在选项栏中选中"定义坡度"复选框，设置"悬挑"为"0"，即 ☑定义坡度　悬挑: 0.0 。在"属性"面板中选择"基本屋顶 屋面板 150 mm"，并在"限制条件"栏设置"自标高的底部偏移"参数值为"0"，如图6-123(a)和(b)所示，绘制迹线轮廓图，如图6-123(c)所示。完成后在"属性"面板中设置"坡度"为"14.00°"，单击完成编辑按钮，完成屋顶绘制，切换到三维视图中，结果如图 6-124、图 6-125 和图 6-126 所示。

提示：如果不需要坡度，可直接选中该线，不选中"定义坡度"复选框即可。有坡度的线会在线上出现一个红色三角形，取消坡度后红色三角形会消失，如图6-125(a)所示。

2．编辑墙与屋顶的连接

观察上述所创建的屋顶，发现屋顶并没有与下方墙体连接，不符合现实情况，可以采用下述简单的命令解决。

按 Ctrl 键的同时选中上述所绘制屋顶包络住的墙，选择"修改墙"→"附着顶部/底部"命令后，在选项栏中选中"顶部"单选框 附着墙: ⊙顶部 ○底部 ，再单击上述绘制的屋顶，则墙顶部发生偏移而附着到屋顶上，如图 6-127所示。

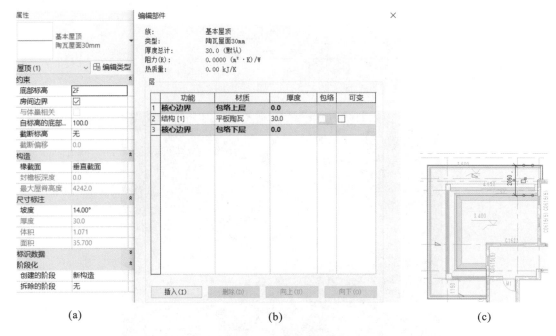

(a)　　　　　　　　　　　　　(b)　　　　　　　　　　　　　(c)

图 6-123　屋顶迹线

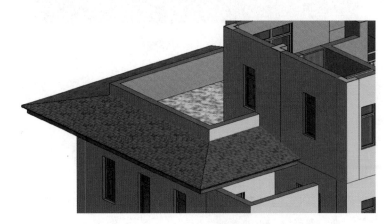

图 6-124　绘制完成的屋顶一

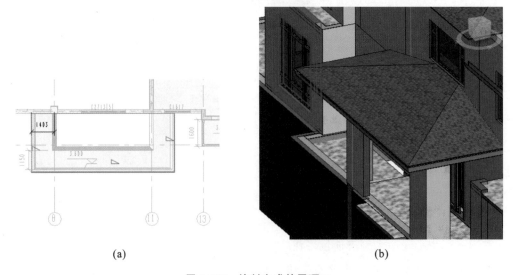

(a)　　　　　　　　　　　　　　　　　　(b)

图 6-125　绘制完成的屋顶二

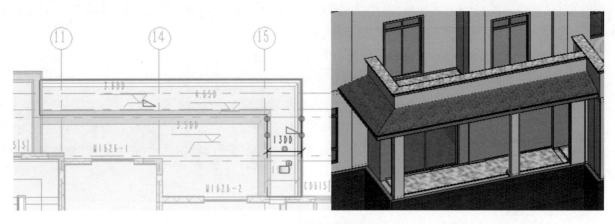

图 6-126 绘制完成的屋顶三

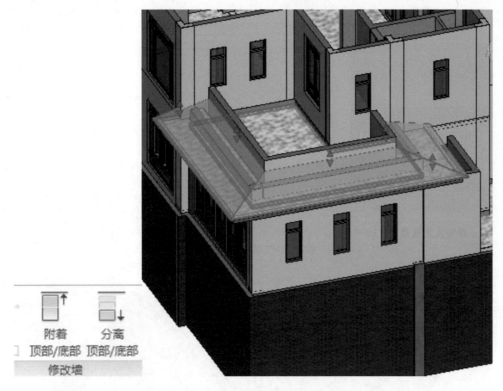

图 6-127 屋顶与墙连接

三、绘制二层屋顶

导入屋顶平面图,选择"视图"→"可见性/图形"来控制 CAD 图在屋顶平面图的显示。

下面使用"迹线屋顶"命令来创建二层的屋顶。

(1)在"项目浏览器"中双击"楼层平面"项下的"屋顶",打开屋顶层平面视图。

(2)选择"建筑"→"屋顶"→"迹线屋顶"命令,进入绘制屋顶轮廓迹线草图模式。

(3)屋顶类型仍选择"基本屋顶 陶瓦屋面 30 mm"。选择"绘制"→"拾取线"命令,在绘制纵向迹线时选中"定义坡度"复选框,并设置坡度大小为"14.00°"。在绘制中间区域迹线时则不选中"定义坡度"复选框,屋顶迹线轮廓如图 6-128 所示。

（4）同上，选择屋顶下的墙体，选择"附着"命令，拾取刚创建的屋顶，将墙体附着到屋顶下。

（5）完成后的屋顶如图 6-129 所示，保存为文件"屋顶.rvt"。

（6）继续使用"迹线屋顶"命令创建二层的 6～11/H～Q 轴线间的屋顶。

（7）在"项目浏览器"中双击"楼层平面"项下的"屋顶"，打开屋顶层平面视图。

（8）选择"建筑"→"屋顶"→"迹线屋顶"命令，进入绘制屋顶轮廓迹线草图模式。

（9）屋顶类型仍选择"基本屋顶 陶瓦屋面 30 mm"。选择"绘制"→"拾取线"命令，在绘制纵向迹线时选中"定义坡度"复选框，并设置坡度大小为"14.00°"。在绘制中间区域迹线时则不选中"定义坡度"复选框，屋顶迹线轮廓如图 6-130 所示。绘制完成的屋顶如图 6-131 所示。

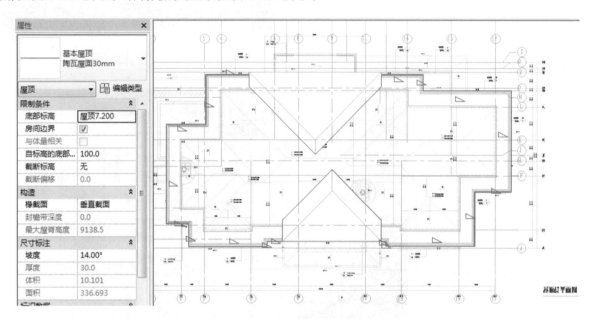

图 6-128　绘制二层檐口

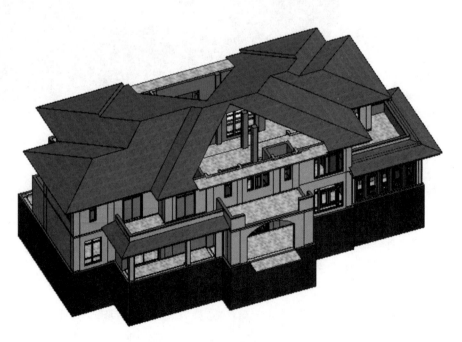

图 6-129　屋顶

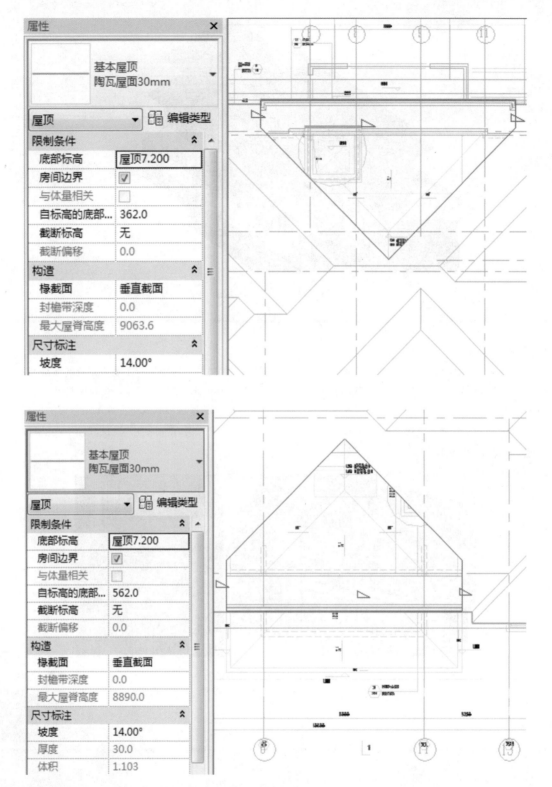

图 6-130　屋顶迹线

迹线屋顶大致思路为:在屋顶面板中选择迹线屋顶→在需要绘制屋顶的平面图中,用绘制命令绘制所需屋顶的轮廓→根据屋顶的形状定义坡度,线上有一个三角形符号，则表示该线有坡度。取消坡度是通过选择所需的线,在线属性中不选中"定义屋顶坡度"复选项。

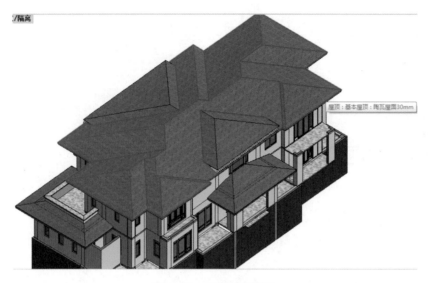

图 6-131　完成的屋顶图

应用拓展

创建屋顶除了使用迹线屋顶的方法，还有拉伸屋顶、面屋顶以及体量的方法。迹线屋顶主要可以绘制多坡度的屋顶，拉伸屋顶可用于侧面某一形状（弧形、弯钩形等）拉伸的屋顶，体量可用于比拉伸屋顶形状更为复杂的屋顶创建。

（1）拉伸屋顶：绘制参照平面→单击拉伸屋顶命令→选择工作平面→绘制屋顶形状线→完成屋顶→修剪屋顶。需要修剪屋顶的原因主要是屋顶会延伸到最远处的墙体处，因此需要修剪墙体至一定长度，则需利用"连接/取消连接屋顶" 🔲 命令调整屋顶的长度，如图 6-132 所示。

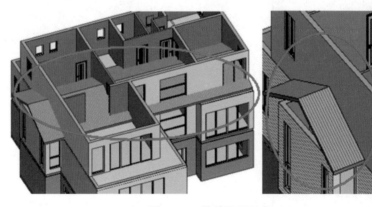

图 6-132　拉伸屋顶示意

（2）面屋顶：使用非垂直的体量面创建屋顶，主要是用于体量中。

（3）体量屋顶：通过体量功能创建屋顶的形状。

单元 9　楼梯、洞口与坡道

○　○　○

本单元采用功能命令和案例讲解相结合的方式，详细介绍了扶手楼梯和坡道的创建和编辑的方法。并对项目应用中可能遇到的各类问题进行了细致的讲解。此外，结合案例介绍楼梯和栏杆扶手的拓展应用是本单元的亮点。

一、楼梯和栏杆扶手

使用"梯段"命令创建楼梯

"梯段"命令是创建楼梯最常用的方法,本节以绘制案例中的 U 形楼梯为例,详细介绍楼梯的创建方法。

(1) 在"项目浏览器"中双击"楼层平面"项下的"负一层",打开负一层平面视图。

(2) 选择"建筑"→"楼梯坡道"→"楼梯(按草图)"命令,进入绘制草图模式。

(3) 绘制参照平面。选择"工作平面"→"参照平面"命令,或者使用快捷键 RP,如图 6-133 所示,在负一层楼梯间绘制四条参照平面,并使用临时尺寸精确定位参照平面与墙边线的距离。其中,上、下两条水平参照平面到墙边线的距离为 650 mm,为楼梯梯段宽度的一半。

(4) 楼梯实例参数设置。在"属性"面板中选择楼梯类型为"整体式楼梯",设置楼梯的"基准标高"为负一层,设置"顶部标高"为一层,设置梯段"宽度"为 1300,设置"所需踢面数"为 24,设置"实际踏板深度"为 270,如图 6-134 所示。

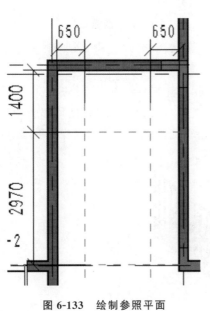

图 6-133　绘制参照平面

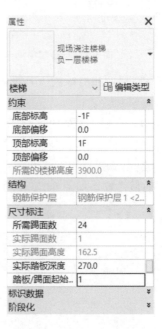

图 6-134　楼梯实例参数设置

(5) 楼梯类型参数设置。在"属性"面板中单击"编辑类型"按钮,打开"类型属性"对话框,在"梯边梁"项中设置参数"楼梯踏步梁高度"为 80,设置"平台斜梁高度"为 100;在"材质和装饰"项中设置楼梯的"整体式材质"参数为"大理石抛光";在"踢面"项中设置"最大踢面高度"为 180,选中"开始于踢面",不选中"结束于踢面"。完成后单击"确定"按钮关闭对话框。

> **技巧:**(1) 结束于踢面。如果选中此复选框,则将向楼梯末端部分添加踢面。如果不选中此复选框,则会删除末端踢面。
>
> (2) 开始于踢面。如果选中此复选框,将向楼梯开始部分添加踢面。如果不选中此复选框,则可能会出现有关实际踢面数超出所需踢面数的警告。要解决此问题,请选中"结束于踢面",或修改所需的踢面数量。

(6) 单击"梯段"命令,默认选项栏选择的"直线"绘图模式,移动光标至下方水平参照平面右端位置,单击捕捉参照面与墙的交点作为第一跑起跑位置。

(7) 向左水平移动光标,在起跑点下方将显示灰色的"创建了 12 个踢面,剩余 13 个"的提示字样和蓝色的临时尺寸,如图 6-135 所示,表示从起点到光标所在尺寸位置创建了 12 个踢面,还剩余 13 个。单击捕捉该交点作为第一跑终点位置，自动绘制第一跑踢面和边界草图。

（8）垂直向上移动光标到上方水平参照平面左端位置（此时，会自动捕捉与第一跑终点平齐的点），单击捕捉作为第二跑起点位置。向右水平移动光标到矩形预览图形之外单击捕捉一点，系统会自动创建休息平台和第二跑梯段草图，如图 6-136 所示。

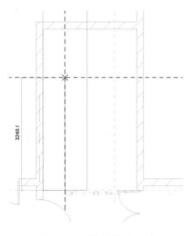

图 6-135 绘制楼梯示意

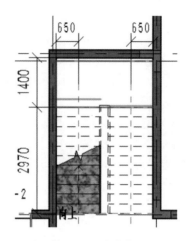

图 6-136 楼梯草图

（9）单击选择楼梯顶部的绿色边界线，鼠标拖曳其与左边的墙体内边界重合。单击完成编辑按钮，创建 U 形等跑楼梯。

（10）扶手类型。在创建楼梯的时候，Revit 软件会自动为楼梯创建栏杆扶手。要修改栏杆扶手，可先选择上述创建楼梯时形成的栏杆扶手，从"属性"面板中选择需要的扶手类型（若没有，则可以使用编辑类型命令，新建符合要求的类型）。这里，直接选用默认附带的栏杆扶手。同时，选择靠近墙体内边界的栏杆扶手，按 Delete 键删除。

负一层楼梯的最终效果如图 6-137 所示。

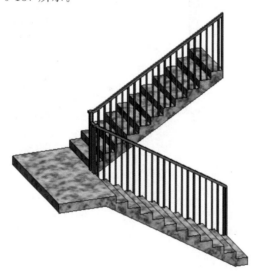

图 6-137 绘制完成的负一层楼梯

提示：（1）楼梯完成绘制后，扶手栏杆没有落到楼梯踏步上，可以在视图中右击此扶手，在弹出的右键快捷菜单中，选择"翻转方向"命令，自动调整使栏杆落到楼梯踏步上。

（2）楼梯需要采用按草图的方法绘制，楼梯按踢面来计算台阶数，楼梯的宽度不包含梯边梁。若边界线为绿线，则可以改变楼梯的轮廓；若踏面线为黑色，则可以改变楼梯宽度。

二、其他楼层楼梯 ▽

在"项目浏览器"中双击"楼层平面"项下的"一层",打开一层平面视图。

类似于地下一层楼梯的创建,选择"楼梯(按草图)"→"梯段"命令,选择"楼梯:整体式楼梯"类型,修改"底部标高"、"顶部标高"和"所需踢面数"的参数设置,如图 6-138 所示。在与地下一层楼梯相同的平面位置,采用相同方法绘制一层到二层的楼梯。

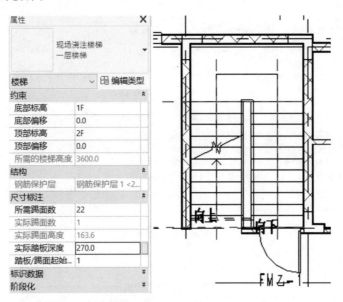

图 6-138 楼梯的绘制

三、补充栏杆扶手 ▽

在"项目浏览器"中双击"楼层平面:二层"进入二层平面视图,依次选择"建筑"→"楼梯坡道"→"栏杆扶手"→"绘制路径"。

在"属性"面板的类型选择器中选择"栏杆扶手 1100 mm 高护栏",设置"底部标高"为"二层"。栏杆、扶手的具体设置如图 6-139 所示。

图 6-139 扶手的设置

选择"直线"绘制命令,以 4 轴和 H 轴上墙段的交点为起点,水平移动至 11 轴上墙面边界,单击结束,如图 6-140 所示,单击绿色的"完成编辑"按钮。采用相同的方法完成其余两段栏杆扶手,完成后的三维图如图 6-141 所示。

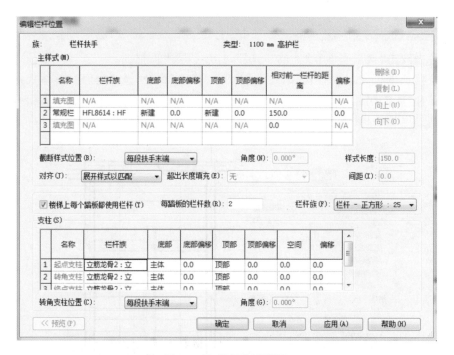

图 6-140　栏杆位置设置

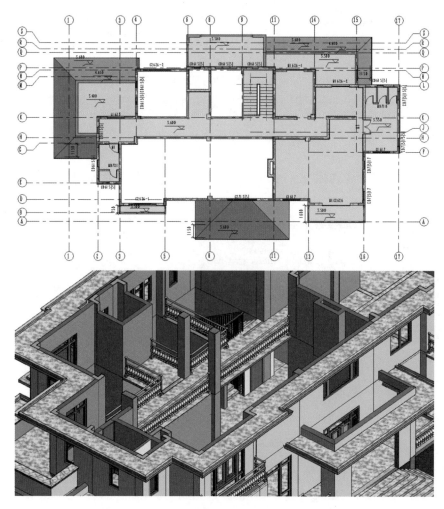

图 6-141　栏杆扶手

在二层楼层平面视图,选择"建筑"→"楼梯坡道"→"栏杆扶手"→"绘制路径",在"属性"面板的类型选择器中选择"栏杆扶手 1100 mm 高护栏",设置"底部标高"为"二层",在如图 6-142(a)所示的位置绘制直线(途中粉红色线段)。完成后的结果如图 6-142(b)所示。

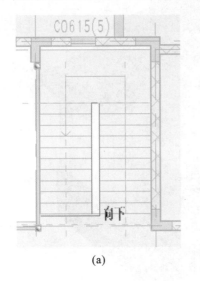
(a)

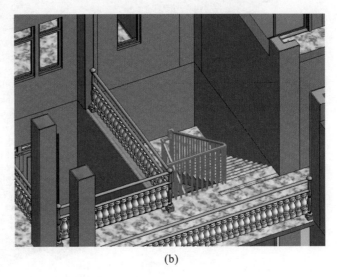
(b)

图 6-142　栏杆扶手

在"项目浏览器"中双击"楼层平面:一层"进入一层平面视图,依次选择"建筑"→"楼梯坡道"→"栏杆扶手"→"绘制路径"。

在"属性"面板的类型选择器中选择"栏杆扶手 1100 mm 高护栏",设置"底部标高"为"一层"。栏杆、扶手的设置与二层一致。

选择"直线"绘制命令完成栏杆扶手的路径绘制。完成后的二维、三维图分别如图 6-143 和图 6-144 所示。

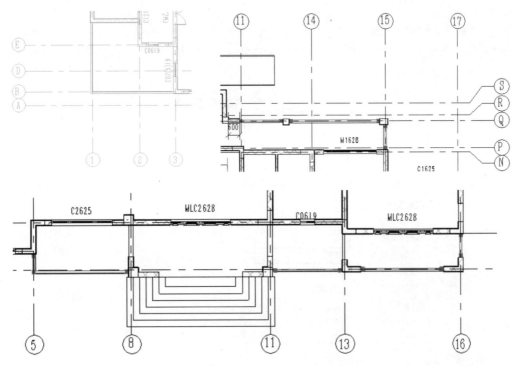

图 6-143　一层栏杆扶手位置

图 6-144　栏杆三维图显示

四、用竖井命令绘制洞口

竖井命令是创建楼梯洞口最常用的方法,本节以绘制案例中的一、二层楼板的洞口为例,详细介绍楼梯洞口的创建方法。不过,本案例在画图过程中已经预留洞口,下面仅作为示意进行讲解。

在"项目浏览器"中双击"楼层平面"项下的"负一层",打开负一层平面视图,找到楼梯间,即上述绘制楼梯的位置。

选择"建筑"→"洞口"→"竖井"命令,进入竖井边界绘制模式。如图 6-140 所示,在"属性"面板中设置竖井的"无连接高度"为 8000(无连接高度只需达到二层板的高度,但不要超出二层屋顶的高度即可),底部限制条件为负一层。绘制如图 6-145 所示的边界。

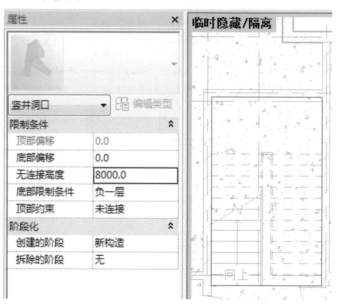

图 6-145　洞口属性及绘制

单击"完成编辑"命令，切换到三维视图，在"属性"面板中的"范围"选项中，选中"剖面框"复选框，如图6-146(a)所示，小别墅视图窗口出现如图6-146(b)所示的线框，单击选中线框，拖动两个相对的三角形可以调整剖面框的范围，并且可以看到内部的楼梯，如图6-146(c)所示。

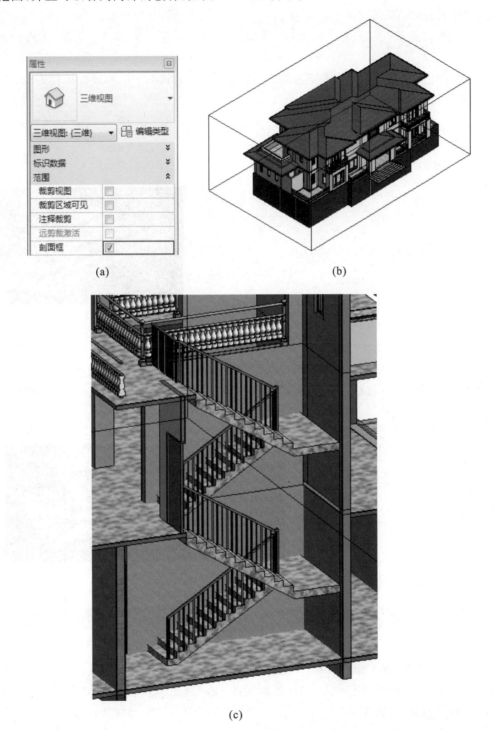

(a)　　　　　　　　　　　　　　　　　　　　　(b)

(c)

图6-146　选中剖面框及其显示效果

五、入口台阶

Revit软件中没有专用的"台阶"命令，可以采用创建在位族、外部构件族、楼板边缘，甚至楼梯等方式创建各种台阶模型。本节将介绍使用"楼板边缘"命令创建台阶的方法。

（1）在"项目浏览器"中双击"楼层平面"项下的"一层"，打开"楼层平面：一层"平面视图。

（2）绘制主入口处的室外楼板。选择"建筑"→"构建"→"楼板"命令，在"属性"面板中，选择楼板类型为"常规-800 mm"，设置"自标高的高度偏移"为－100，使用"直线"命令绘制如图6-147所示楼板的轮廓，尺寸如图6-147所示。单击"完成编辑"，完成室外楼板绘制。

（3）添加台阶。选择"建筑"→"楼板"→"楼板：楼板边"命令，从类型选择器中选择"楼板边缘-6级台阶"类型。

（4）移动光标到上述所绘制楼板的水平下边缘处，边线高亮显示时单击鼠标放置楼板边缘。使用"楼板边缘"命令生成的台阶如图6-148所示。

提示：如果楼板边的线段在角部相遇，它们会相互拼接。

图6-147　楼板轮廓

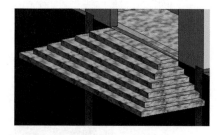

图6-148　台阶生成

（5）创建背面的入口台阶。选择"建筑"→"构建"→"楼板"命令，在"属性"面板中，选择楼板类型为"常规-450 mm"，设置"自标高的高度偏移"为－100，用"直线"命令绘制如图6-149所示楼板的轮廓，尺寸如图6-149所示。单击"完成编辑"，完成室外楼板绘制。完成绘制后，采用同样的命令"楼板边缘-3级台阶"来放置台阶，结果如图6-150所示。

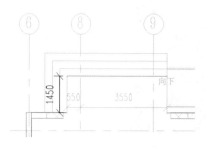

图6-149　楼板轮廓

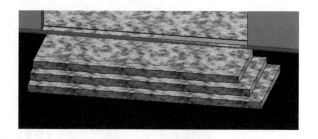

图6-150　台阶生成

六、坡道

Revit软件中"坡道"的创建方法和"楼梯"命令非常相似，下面简单进行介绍。

在"项目浏览器"中双击"楼层平面"项下的"一层"，打开"楼层平面：一层"平面视图。

选择"建筑"→"楼梯坡道"→"坡道"命令，进入绘制模式。在"属性"面板中，设置"底部标高"为"一层"，设置"顶部标高"为"一层"，设置"底部偏移"为－450 mm，设置"顶部偏移"为－100 mm，设置"宽度"为1500 mm，如图6-151（a）所示。

单击"编辑类型"按钮，打开坡道的"类型属性"对话框，设置"最大斜坡长度"为"6000"，设置"坡道最大坡度（1/X）"为"12"，设置"造型"为"实体"，如图6-151（b）所示。设置完成后，单击"确定"按钮关闭对话框。

选择"工具"→"栏杆扶手"命令，弹出"栏杆扶手"对话框，在下拉菜单中选择"1100 mm"，单击"确定"按钮，如图6-151（c）所示。

| (a) | (b) | (c) |

图 6-151 坡道的属性设置

选择"绘制"→"梯段"命令,在选项栏选择"直线"工具,移动光标到绘图区域中,从右向左拖曳光标绘制坡道梯段,如图 6-152(a)所示(框选所有草图线,将其移动到图示位置)。

单击"完成坡道"命令,创建的坡道如图 6-152(b)所示。

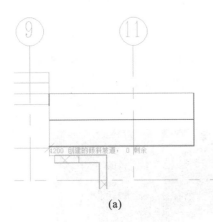 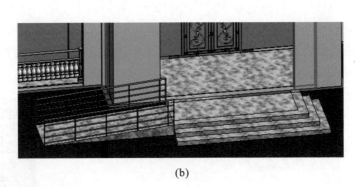

| (a) | (b) |

图 6-152 坡道的绘制及完成效果

将最终结果保存为文件"楼梯坡道.rvt"。

思考与习题

1. 练习绘制小别墅的室内多层楼梯。
2. 练习绘制小别墅的室外坡道、台。

单元10 入口顶棚和内建模型

一、背立面入口

打开上节保存的"楼梯坡道.rvt"文件,在项目浏览器中双击"楼层平面"项下的"一层",打开"楼层平面:一层"平面视图。

选择"墙"→"墙:建筑"命令,在类型选择器中选择"基本墙 加气混凝土砌块外墙200",并参照图6-153(a)在属性栏中设置相关参数。

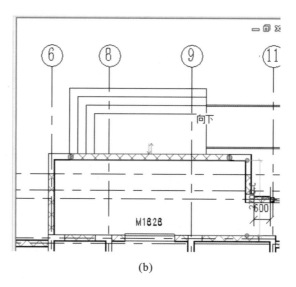

(a)　　　　　　　　　　　　　　　　　(b)

图6-153　绘制墙

以6号轴线处的柱为起点,水平向右拖动至9~11号轴线之间的柱边界单击结束。选择绘制的墙,单击墙附近出现的双向箭头修改墙的方向,结果如图6-153(b)所示。

编辑背面入口墙体。选中图中的墙体,选择"模式"→"编辑轮廓"命令,选择"转到视图"→"北",进入编辑模式。选择"绘制"→"起点"→"终点"→"半径弧" 命令,单击拾取墙的左下、右下端点后,再向墙体中央上方移动光标到合适位置单击,则绘制一段弧线,最后删除下方原有的水平轮廓线,如图6-154(a)所示。单击完成命令,结果如图6-154(b)所示。

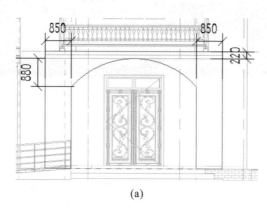

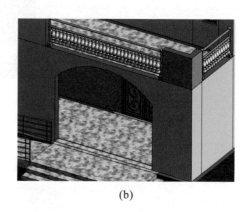

(a)　　　　　　　　　　　　　　　(b)

图6-154　背面入口墙体编辑及效果

二、背立面入口门套及墙体装饰

小别墅的入口门套的绘制,可采用"内建模型"命令创建。

在"项目浏览器"中,展开"立面(建筑立面)",双击"北",进入到建筑的立面图,选择"建筑"→"构建"→"构件"→"内建模型",在"族类别和族参数"对话框中选择"常规模型",如图6-155(a)所示,在弹出的"名称"对话框的"名称(N)"文本框中输入"入口装饰",如图6-155(b)所示。

图 6-155 新建内建模型

（1）在一层平面中导入门套的 CAD 底图，如图 6-156 所示。

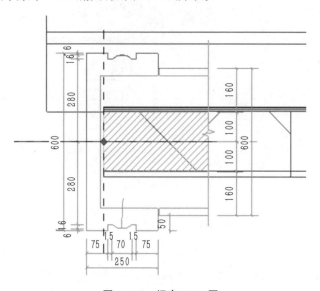

图 6-156 门套 CAD 图

（2）选择"形状"→"放样"→"绘制路径"命令，拾取当前平面为工作平面，绘制如图 6-157 所示的轮廓（尺寸参照前面绘制墙轮廓的尺寸），单击绿色的"完成编辑"命令，出现中心有红点的十字形标志。

（3）选择"放样面板"→"编辑轮廓"命令，弹出"转到视图"对话框，选择"楼层平面：一层"，单击"打开视图"按钮，进入一层平面视图，如图 6-158 所示。

（4）在一层平面视图，同样可以看到中心有红色圆点的十字形标识。选择"绘制"→"直线"→"起点"→"终点"→"半径弧"命令绘制完成如图 6-159 所示的轮廓。

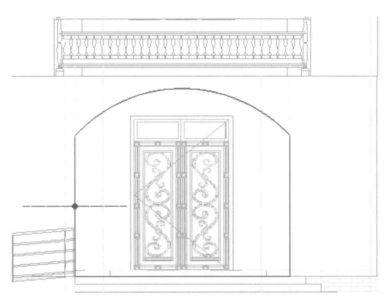

图 6-157　绘制"放样"路径

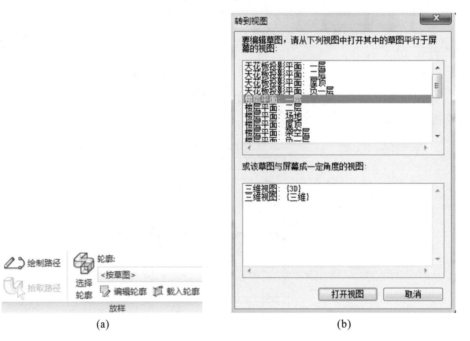

(a)　　　　　　　　　　　　　　(b)

图 6-158　放样视图的选择

（5）单击绿色的"完成编辑"命令，完成轮廓的编辑。再次单击绿色的"完成编辑"命令后，在"属性"面板中的"材质"项中单击，打开材质浏览器，选择"门套"→"木材"后单击"确定"按钮。最后，单击绿色的"完成模型"命令，完成整个常规模型的绘制，如图 6-160 所示。

（6）保存为"背立面入口处门造型"，并载入到项目中。选择"建筑"→"构件"→"放置构件"，将刚载入进来的模型放置到门洞处，这样就添加好了此处门洞处的造型，如图 6-160 所示。

提示：放样的创建思路为先绘制路径，再绘制轮廓，最先绘制的路径会出现红十字，则轮廓的绘制平面默认是垂直于该线路径。根据所绘制的路径对轮廓进行拉伸，在绘制轮廓时，不要超过最先绘制路径线的一半，否则无法创建放样。

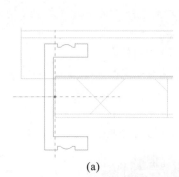

(a)　　　　　　　　　　　(b)

图 6-159　轮廓尺寸及绘制结果

图 6-160　入口门造型

应用拓展

放样的工作平面的选择

放样有两步骤,包括绘制路径与绘制轮廓,但常常会弄混应该如何来绘制。例如,窗套是在立面图中绘制路径,在平面图中绘制轮廓;但是抽屉把手是在平面图中绘制路径,在立面图中绘制轮廓。图 6-161 所示即为抽屉把手。

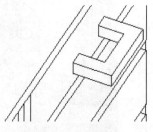

图 6-161　抽屉把手

因此,在放样时,如果构件是垂直放置的,就选择在立面放样,在平面绘制轮廓,如窗套;如果是水平放置的,则在立面绘制轮廓,在平面放样,如抽屉把手。

在平面上绘制路径,路径绘制时绘制的第一条线会出现红点,则轮廓的绘制平面默认是垂直于该线路径,如图 6-162 所示。

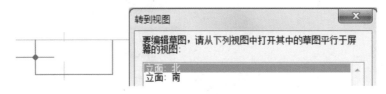

图 6-162　在平面上绘制路径

以在平面上绘制放样路径为例,如果首先画的是竖线,则轮廓绘制平面在前、后立面。但是如果画的先是横线,则轮廓绘制工作平面在左、右视图,如图 6-163 所示。在立面上绘制放样路径的方法也相同。

注意,绘制的轮廓大小不要超过路径的一半,并直接在红点上方开始绘制,否则会报错。图 6-164 中红色为放样路径,绿色矩形中的右边线为轮廓的最大值,如果绘制的轮廓超过最右侧绿线则会系统报错。

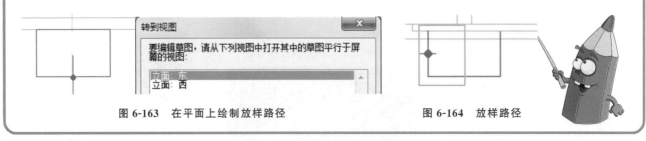

图 6-163　在平面上绘制放样路径　　　　　图 6-164　放样路径

三、添加阳台墙饰条

选择"墙饰条"→"阳台墙装饰"的墙饰条类型,为背面入口处阳台三面添加墙饰条(见图6-165(a)),其具体标高为相对于二层偏移 1250 mm,如图 6-165(b)所示。阳台墙装饰的轮廓如图 6-165(c)所示。

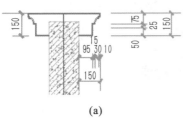

(a)

(b)

(c)

图 6-165　背面入口阳台墙饰条的绘制

采用同样的方法,选择"墙饰条"→"阳台墙装饰"的墙饰条类型,为背面另外两处阳台添加墙饰条,其具体标高为相对二层偏移 950 mm。完成后的模型如图 6-166 所示。

图 6-166　完成的模型

四、添加檐沟和封檐带

1．添加檐沟

下面使用"屋顶:檐槽"命令创建檐沟。

选择"建筑"→"屋顶"→"屋顶:檐槽",点击进入檐沟的"类型属性"对话框,选择相应的檐沟轮廓,如图 6-167 所示。

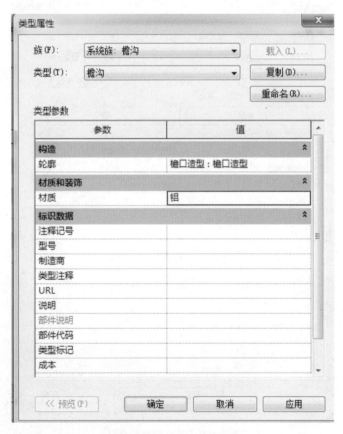

图 6-167　檐沟类型属性

移动光标到上述所绘制的屋顶边、檐底板、封檐带或模型线之一时，边线高亮显示时单击鼠标放置檐沟。使用"屋顶：檐槽"命令生成的檐沟如图 6-168 所示。

在图 6-168 中可以使用水平轴和垂直轴进行轮廓的翻转。

图 6-168　檐沟

2．添加封檐带

下面使用"屋顶：封檐带"命令创建封檐带。

选择"建筑"→"屋顶"→"屋顶：封檐带"，点击进入封檐带的"类型属性"对话框，选择相应的封檐带轮廓，如图 6-169 所示。

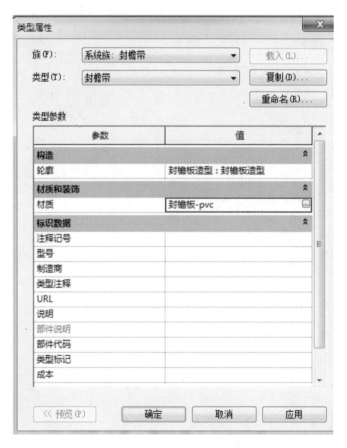

图 6-169　封檐带类型属性

移动光标到上述所绘制的屋顶边、檐底板、封檐带或模型线之一时，边线高亮显示时单击鼠标放置封檐带。使用"屋顶：封檐带"命令生成的封檐带如图 6-170 所示。在图 6-170 中可以使用水平轴和垂直轴进行轮廓的翻转。

图 6-170　封檐带

将上述完成的模型进行保存为"别墅造型.rvt"。

❝ 思考与习题

为小别墅添加一层和二层的露台墙体装饰、檐沟和封檐带。

单元 11　场地

通过本单元的学习，学习场地的相关设置与地形表面、场地构件的创建与编辑的基本方法和相关应用技巧。

一、地形表面 ▽

地形表面是建筑场地地形或地块地形的图形表示。默认情况下，楼层平面视图不显示地形表面，可以在三维视图或在专用的"场地"视图中来创建。

打开"别墅造型.rvt"文件，在"项目浏览器"中展开"楼层平面"项，双击视图名称"场地"，进入场地平面视图。

根据绘制地形的需要，绘制四条参照平面。选择"建筑"→"工作平面"→"参照平面"命令，移动光标到图中横向轴线左侧单击，沿垂直方向上、下移动单击，绘制一条垂直参照平面，再绘制另外三条参照平面，大致位置可参照如图 6-171 所示，使参照平面包围住整个模型。

选择"体量和场地"→"场地建模"→"地形表面"命令，进入编辑地形表面模式，如图 6-172 所示。

单击"放置点"命令，选项栏显示"高程"选项，输入新的高程"-550"，在参照平面上单击放置四个高程点，如图 6-172 所示的上方四个黑色方形点。

　　将选项栏中的"高程"改为"－450"，在参照平面上单击放置两个高程点，如图 6-172 所示第三行两个黑色方形点。

　　将选项栏中的"高程"改为"－400"，在参照平面上单击放置两个高程点，如图 6-172 所示第四行两个黑色方形点。

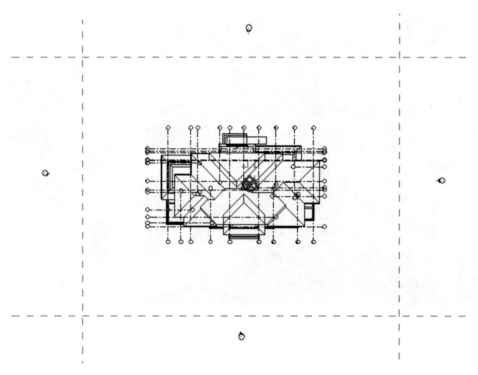

图 6-171　场地参照平面

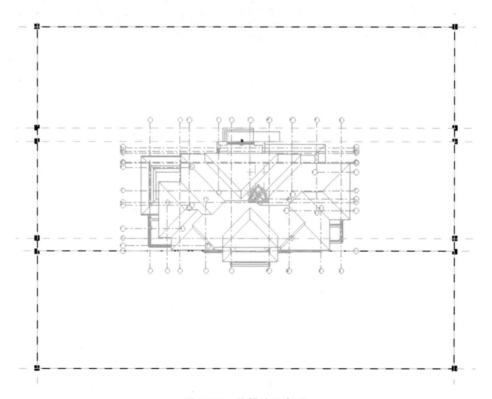

图 6-172　编辑地形表面

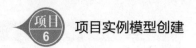

将选项栏中的高程改为"-1000",在参照平面上单击放置四个高程点,如图 6-172 所示的下方四个黑色方形点。在属性中设置"材质"为"草坪",单击"完成编辑"按钮,切换到三维图如图6-173所示。保存为"场地.rvt"文件。

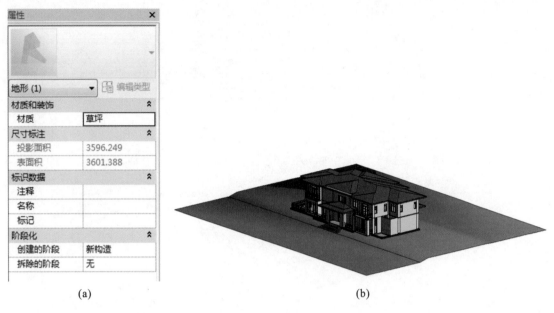

(a)	(b)

图 6-173 完成的地形表面

二、地形子面域(道路)

子面域工具用于在现有地形表面中绘制的区域。例如,可以使用子面域在地形表面绘制道路或绘制停车场区域。

子面域工具和建筑地坪不同,建筑地坪工具会创建出单独的水平表面,并剪切地形,而创建子面域不会生成单独的地平面,而是在地形表面上圈定了某块可以定义不同属性集(如材质)的表面区域。

在"项目浏览器"中,双击楼层平面视图名称"场地",进入场地平面视图。

选择"体量和场地"→"修改场地"→"子面域"命令,进入草图绘制模式。

选择"绘制"→"直线"工具,以及选择"修改"→"修剪"工具,绘制如图 6-174 所示的子面域轮廓,其中圆弧半径为 1500 mm。

在"属性"面板中,单击"材质"后的矩形图标,打开"材质"对话框,在左侧材质中选择"人行道鹅卵石"确定。

同样绘制车行道,在属性栏中,单击"材质"后的矩形图标,打开"材质"对话框,在左侧材质中选择"车道-沥青",单击"确定"按钮。

单击"完成编辑"按钮,完成子面域道路的绘制。

三、建筑地坪

通过上一节的学习,创建了一个带有简单坡度的地形表面,本节将学习利用建筑地坪工具来创建游泳池。建筑地坪工具适用于快速创建水平地面、停车场、水平道路等,如图 6-174 至图 6-176 所示。

在"项目浏览器"中展开"楼层平面"项,双击视图名称"场地",进入场地平面视图。

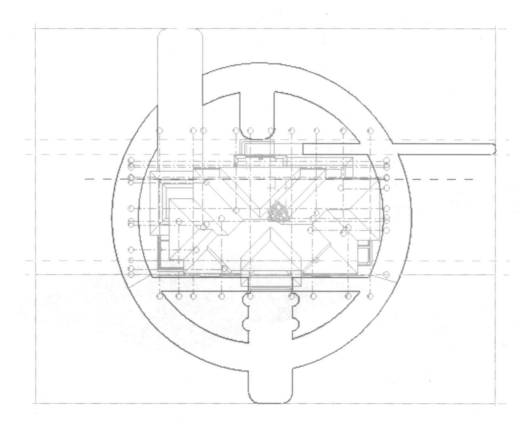

图 6-174　绘制人行道轮廓

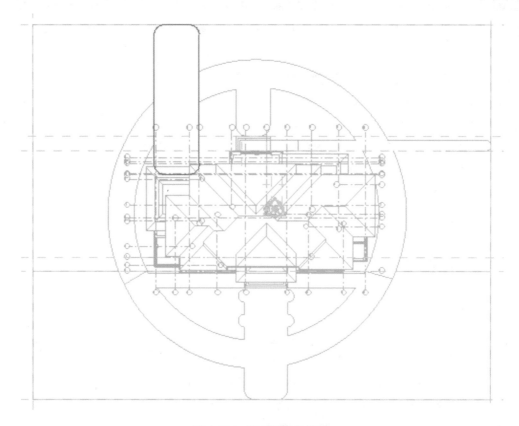

图 6-175　车道轮廓的绘制

图 6-176　完成的道路

选择"场地建模"→"建筑地坪"命令,进入建筑地坪的草图绘制模式。

在"属性"面板中,设置"标高"为"一层"。选择"绘制"→"直线"命令,沿挡土墙内边界的顺时针方向绘制建筑地坪轮廓,如图 6-177 所示,保证轮廓线闭合。

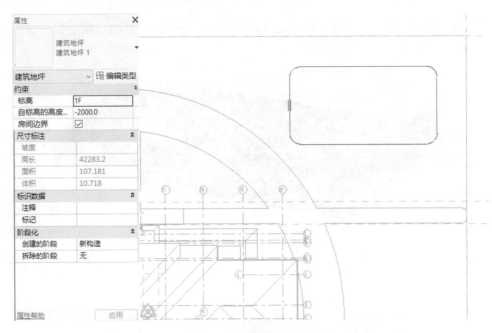

图 6-177　建筑地坪轮廓

单击"编辑类型"按钮,打开"类型属性"对话框,单击"结构"后的"编辑…"按钮,打开"编辑部件"对话框,单击"结构"后"编辑材质"按钮,打开"材质浏览器"对话框,选择"液体:游泳池",依次单击"确定"按钮退出对话框。

单击"完成编辑"命令,完成创建建筑地坪,如图 6-178 所示。

四、场地构件

有了地形表面和道路,再配上生动的花草、树木、车等场地构件,可以使整个场景更加丰富。场地构件的绘制同样在默认的"场地"视图中完成。

在"项目浏览器"中双击视图名称"场地",进入场地平面视图。

选择"构件"→"放置构件"命令，在"属性"面板中选中"乒乓球桌"，选择"放置"→"放置在工作平面上"，在游泳池旁单击放置构件，如图 6-179 所示。

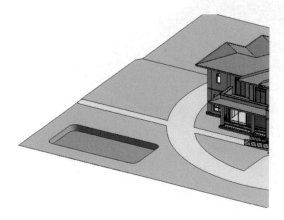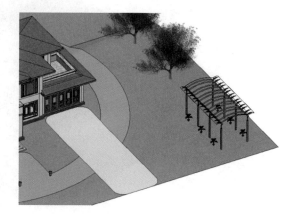

图 6-178　室外游泳池的建立　　　　　　　　图 6-179　放置构件

选择"体量和场地"→"场地建模"→"场地构件"命令，在类型选择器中选择需要的构件。也可以选择"模式"→"载入族"，打开"载入族"对话框。

在"载入族"对话框中依次打开"植物"→"3D"→"乔木"文件夹，选择"白杨 3D.rfa"，单击"打开"按钮将其载入到项目中。

在"场地"平面图中可以根据自己的需要在道路及别墅周围添加各种类型的场地构件。如图 6-180 所示为模型的效果展示图。

图 6-180　模型最终效果图

完成后保存为文件"别墅.rvt"。

别墅 CAD 平面图　　　　别墅 CAD 详图　　　　别墅 Revit 模型

项目 7

项目后期处理

单元 1   平面图深化

一、创建视图

新建施工图标注视图

在进行施工图阶段的图纸绘制时,建议在含有三维模型的平面视图进行复制,将二维图元(含房间标注、尺寸标注、文字标注、注释等)的信息绘制在新的"施工图标注"平面视图中,便于进行统一性的管理。具体操作如下。

(1)切换到"一层"楼层平面视图。

(2)右击"一层"楼层平面,在弹出的右键快捷菜单中选择"复制楼层(V)"→"带细节复制(W)",如图 7-1 所示。

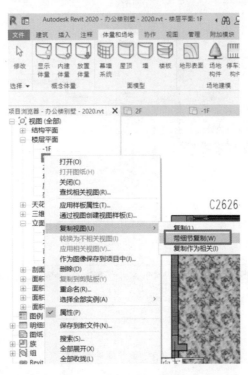

图 7-1   复制一层平面图

(3)右击自动命名的"一层-副本",在弹出的右键快捷菜单中选择"重命名(R)…"命令,将新建的楼层平面重命名为"一层-施工图标注"。

二、尺寸标注

1. 轴线标注

在新创建的"一层-施工图标注"视图中，选择"注释"→"尺寸标注"→"对齐"，依次选择相关轴线，进行标记。

2. 施工图细节标注

在进行墙体上的门窗洞口的细节标注时，可以选用自动标注或手动标注模式。

（1）自动标注。

① 选择"注释"→"尺寸标注"→"对齐"，在选项栏的"拾取"下拉菜单中选择"整个墙"，再单击"选项"按钮，在弹出的"自动尺寸标注选项"对话框中选择希望自动标注的功能，如选中"洞口（O）"复选框，见图7-2所示。

② 选择需要自动标记的墙体，多个尺寸标注将会自动创建，见图7-3所示。

图 7-2　自动尺寸标注

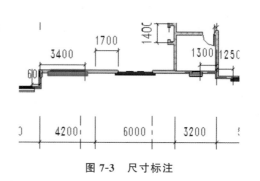

图 7-3　尺寸标注

（2）手动标注。

选择"注释"→"尺寸标注"→"对齐"，在选项栏的"拾取"下拉菜单中选择"单个参照点"，在"参照墙中心线"下拉菜单中选择尺寸标注的参照点，有多重参照点可供选择，如图7-4所示。

图 7-4　参照墙的位置线

3. 楼梯部位的特殊标注

在"一层-施工图标注"楼层平面视图中对于楼梯间进行标注，选取楼梯梯段的标注，双击尺寸标记文字，弹出"自定义尺寸标注号"提示框后，单击"关闭"按钮，弹出如图7-5所示的"尺寸标注文字"对话框，在"尺寸标注值"选项组中选择"以文字替换(R)"单选框,输入自定义的尺寸标注文字,单击"确定"按钮。

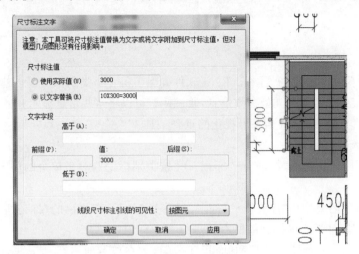

图 7-5   文字替换

4. 高程点(标高)标注

① 选择"注释"→"尺寸标注"→"高程点",在选项栏中"显示高程"下拉菜单中选择标高标注的类型,如图7-6 所示。

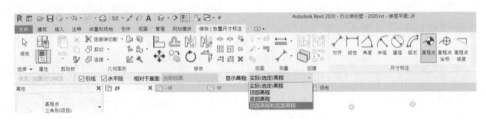

图 7-6   标高标注类型

② 当需要标注楼板顶面和底面的标高时,在"显示高程"下拉菜单中选择"顶部高程和底部高程",在楼板区域内,选择合适的位置加载标高。

③ 通过光标的移动,确定标高的方向,最后加载完成的标高标注如图 7-7 所示。

提示:在"建筑中心文件.rvt"中已经预设了符合中国建筑出图规范的尺寸标注和标高标注类型,如果用户需要自定义,可以选择"注释"→"尺寸标注",在其中选择需要修改的尺寸标注与标高标注的类型,如图7-8 所示。

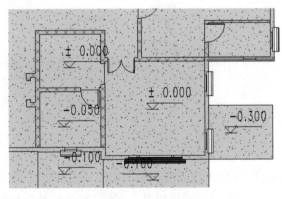

图 7-7   标高标注

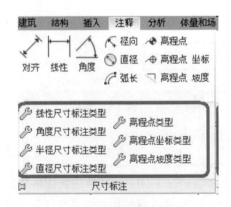

图 7-8   尺寸标注类型

三、标记 ▼

1．概念介绍

1）标记的定义

标记是指在图纸中对不同的类别进行注释。Revit 软件确保了每一个类别都可以创建相对应的标记。例如，在门、窗、墙体、电梯中加入实例参数或者类型参数信息，通过标记可以将这些信息显示在图纸上，同时也能显示在明细表中。可以说，标记是真正让 Revit 族信息可视化的重要工具。

2）三种标记应用方式

（1）按类别单个应用标记。选择"注释"→"标记"→"按类别标记"，对于单个的门窗或者其他类别的族进行标记。

（2）按类别多个应用标记。选择"注释"→"标记"→"多个标记"，在弹出的"标记所有未标记的对象"对话框中，单选或者多选不同类别，对于所选类别的所有族进行自动标记。

（3）在创建时应用标记。在创建"房间"和"面积"时，勾选"在放置时进行标记"；后面在"房间"和"面积"被创建的同时，"房间标记"和"面积标记"将自动被加载。

3）载入标记族

Revit 软件的项目模板中自动加载了部分标记族。选择"注释"→"标记"→"载入的标记"，如图7-9所示。

在"载入的标记和符号"对话框中，可以看到哪些类别的标记族已经载入了，而哪些没有载入。如果需要载入新的标记族，单击"载入族(L)…"按钮，如图 7-10 所示。为了提高效率，设计人员可以在"过滤器列表"中选择"建筑"，从而屏蔽掉机电和机构的标记族。

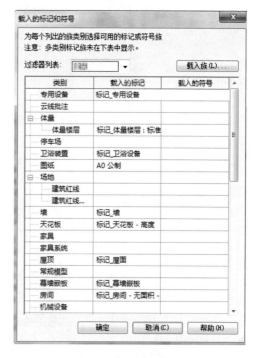

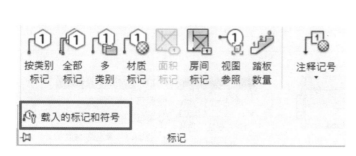

图 7-9　载入标记　　　　　　　　　　　图 7-10　专业过滤

2．房间标记

1）确定房间边界

（1）大多数情况下，Revit 软件将默认将所创建的墙体、柱作为房间的边界。切换到之前创建的"一层-施工图标注"平面视图，可以通过选择相关墙体，在"属性"面板中，确认"房间边界"右侧的复选框是否被选中，如图7-11所示。

（2）选择"建筑"→"房间与面积"→"房间边界"，在绘图工具中选择合适的工具，在需要添加房间边界的区域进行绘制，如图 7-12 所示。

图 7-11　房间边界

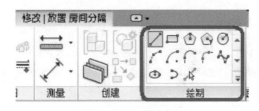

图 7-12　绘制面板

2）添加房间与房间标记

（1）选择"建筑"→"房间与面积"→"房间"，默认选择"在放置时进行标记"，在选项栏中 "房间"下拉菜单中选择已经创建的多种房间功能，在此选择"办公室"，假如下拉菜单中没有适合的房间功能，可以选择"新建"。在"属性"面板中选择一种房间标记类型，如图 7-13 所示。在绘图区域中所有高亮的房间范围内放置房间标记。

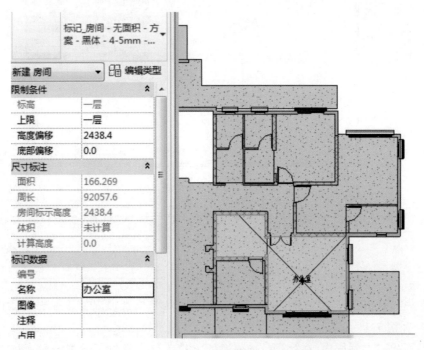

图 7-13　房间标记

（2）假如在"房间"下拉菜单中选择了"新建"，可以在房间绘制完成后，在绘图区域内选择此房间。在"属性"面板中"名称"栏右侧输入新的房间名称，如图7-14所示。

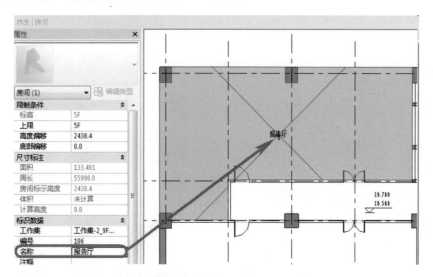

图7-14　标记名称的更改

3）添加房间图例

Revit软件提供了添加房间图例的功能，在完成房间绘制之后，按照预先设定的颜色方案，自动添加房间图例。具体步骤如下。

（1）带细节复制"一层-施工图标注"视图，重命名为"一层-方案标注"，在视图的"属性"面板中将"视图样板"设为"无"，在"颜色方案"中选择已经创建的"方案1"，如图7-15所示，单击"确定"按钮。

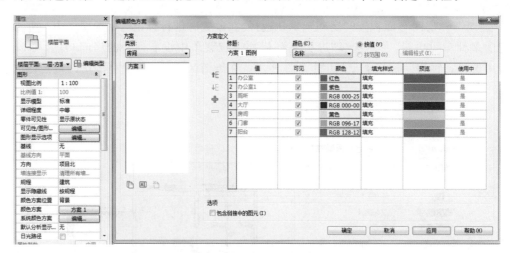

图7-15　颜色方案的更改

（2）选择"注释"→"颜色填充"→"颜色填充图例"，放置于在绘图区域内的合适位置上，最后完成的效果如图7-16所示。

3．面积标记

1）添加面积平面

（1）在"别墅.rvt"中，右击"项目浏览器"→"面积平面"→"负一层"，选择删除。选择"视图"→"创建"→"平面视图"→"面积平面"，如图7-17所示。

（2）在"新建面积平面"对话框中，在"类型"选项组的下拉菜单中提供了几种常用面积类型，如"总建筑面积"、"防火分区面积"、"净面积"等，此处选择"总建筑面积"。在"为新建的视图选择一个或多个标高（L）。"中选

择"负一层",在此提示我们目前只有"负一层"这一层还未创建"总建筑面积平面",其他各层已经创建完成。默认勾选"不复制现有视图(D)"复选框,单击"确定"按钮,如图7-18所示。

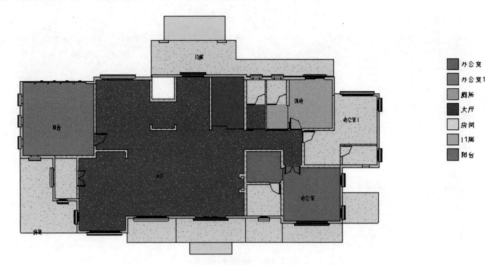

图7-16　颜色方案的制定

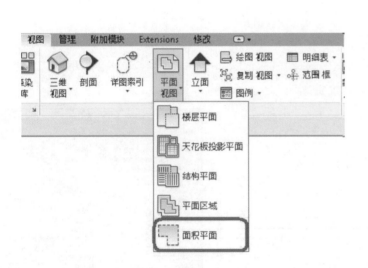

图7-17　面积平面

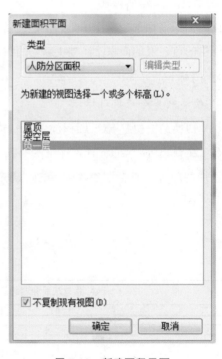

图7-18　新建面积平面

(3)在弹出的"是否自动创建关联的边界边界线"的提示框中,在建筑平面较复杂的情况下,可以选择"否",这时"负一层"总建筑面积平面将被激活。

2)添加面积与面积标记

(1)选择"建筑"→"房间与面积"→"面积边界",在绘图区域内绘制相应的面积边界线,注意边界线必须围成封闭的区域。

(2)选择"建筑"→"房间与面积"→"面积"→"面积",默认勾选"在放置时进行标记",在面积标记"名称"一栏中输入"面积",在已经创建面积边界中放置面积图元,如图7-19所示。

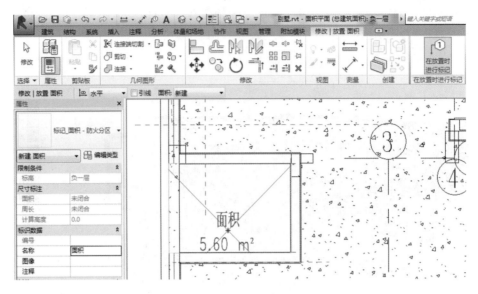

图 7-19　面积的标注

3）总建筑面积明细表

创建面积平面的主要作用是为了进行各类面积统计，打开"项目浏览器"中"A_总建筑面积明细表"，可以发现之前创建的负一层的面积已经被更新，并且被计入总建筑面积中，如图 7-20 所示。

4. 门标记

1）按类别多个应用门标记

（1）切换到"一层 -施工图标注"视图，选择"注释"→"标记"→"全部标记"。

（2）在弹出的"标记所有未标记的对象"对话框中选择"门标记"，如图 7-21 所示，单击"应用（A）"按钮，确认所添加的门标记符合设计要求，单击"确定（O）"按钮。

图 7-20　建筑面积明细表

图 7-21　标记对象为门

（3）所有的门都被标记，如图 7-22 所示。

（4）"门标记"代表了大量其他类别的标记方法，在此不一一列举，读者可以举一反三。

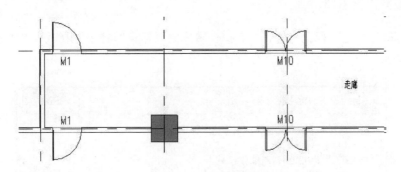

图 7-22　标记好的门

2）修改

（1）在项目中选择一个已经添加门标记的门，打开"类型属性"对话框，在"类型参数"选项组中将"类型标记"修改为"JFM1"，单击"确认"按钮。所有相关的门标记都会被更新，如图 7-23 所示。

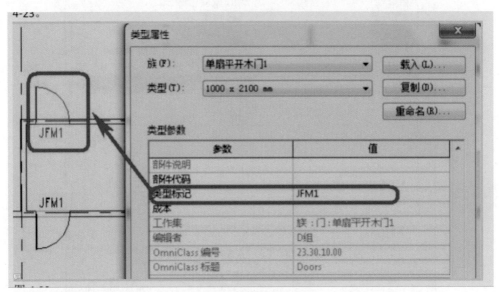

图 7-23　类型标记位置

（2）选中门标记，在选项栏中出现"引线"的添加位置等信息，可以按照出图需要进行调整，如图 7-24 所示。

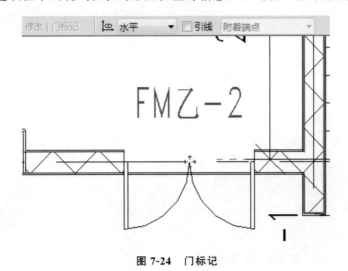

图 7-24　门标记

3）加载窗标记

选择"注释"→"标记"→"全部标记"，选择"窗标记 墙体留洞标记"，选中"引线（D）"复选框，单击"确定（O）"按钮，如图7-25所示。

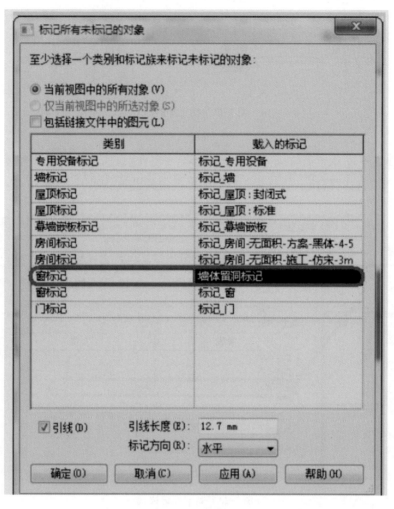

图7-25　窗标记

四、文字注释

1. 添加文字注释

（1）选择"注释"→"文字"→"文字"，在"格式"栏中进行简单的设置，如图7-26所示。

（2）在绘图区域内放置文字框，输入文字，按回车键用于文字换行，单击绘图区其他位置，退出文字编辑。

2. 修改文字注释类型

（1）选择"注释"→"文字"，如图7-27所示。

图7-26　文字格式

图7-27　文字

（2）在弹出的文字"类型属性"对话框中新建文字类型，修改字体、大小等参数，如图 7-28 所示。

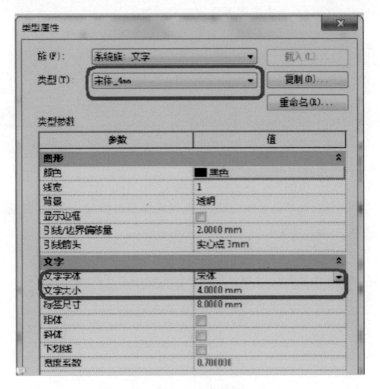

图 7-28　文字属性设置

3. 修改文字注释

（1）只移动文本框而不移动引线的箭头，可直接拖曳十字形控制柄。如要同时移动文字注释和引线，可在注释文本框上单击鼠标左键移动即可，如图 7-29 所示。

（2）调整文字注释的宽度。拖曳控制边框上蓝色控制点来调整文字注释的宽度，如图 7-30 所示。

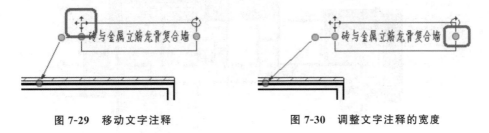

图 7-29　移动文字注释　　　　　　　图 7-30　调整文字注释的宽度

（3）旋转文字注释。将光标放置在选择控制柄上来旋转注释，如图 7-31 所示。

（4）添加和删除文字注释引线类型。

① 添加引线：选择要添加引线的文字注释，选择"修改文字注释"→"格式"→"添加左直线引线"或"添加右直线引线"，如图 7-32 所示。

图 7-31　旋转文字注释　　　　　　　图 7-32　添加引线

②　删除引线：选择要添加引线的文字注释，选择"修改文字注释"→"格式"→"删除最后一条引线"。

（5）编辑文字。选择文字注释，单击文字即可修改文字内容。

单元2　剖面

○　○　○

一、创建剖面 ▼

剖面图是表现设计的一个重要手段，Revit软件中的剖面视图不需要一一绘制，只需要绘制剖面线就可以自动生成，并可以根据需要任意剖切。

（1）打开二层平面视图，选择"视图"→"创建"→"剖面"。

（2）将光标放置在剖面的起点处单击鼠标左键，并拖曳光标穿过模型，再次单击左键确定剖面的终点。这时将出现剖面线和裁剪区域，并且已选中它们，如图7-33所示。

提示：可以通过拖曳蓝色控制柄来调整裁剪区域的大小，剖面视图的深度将相应地发生变化。并且，当修改设计或移动剖面线时剖面视图也将随之改变。

提示：（1）可通过拖曳"蓝色控制柄"来调整裁剪区域的大小，剖面视图的深度将相应地发生变化。并且，当修改设计或移动剖面线时剖面视图也将随之改变。

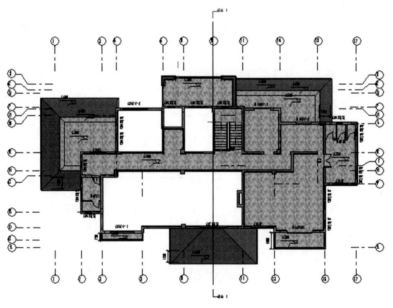

图7-33　创建剖面

（2）如果不需要在图纸中显示剖面线，可单击"截断控制柄"并调整剖面线段的长度来截断剖面线，截断剖面线对剖面视图中显示的其他项不会产生任何影响。要重新连接剖面线，则应再次单击截断控制柄。

（3）单击"翻转控制柄"可调整剖切方向。

（4）在其"属性"面板中，将"视图名称"右侧参数修改为"A—A剖面"，如图7-34所示。

（5）双击剖面标头打开 A－A 剖面，为使在"粗略"显示模式下的剖面视图中楼板表示为"涂黑"，可以选择剖面中的楼板，在其"属性"面板中设置参数"粗略比例填充样式"和"粗略比例填充颜色"，如图 7-35 所示。

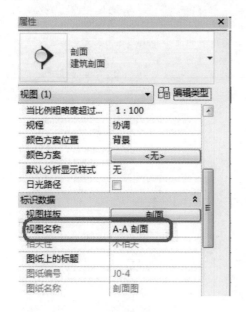

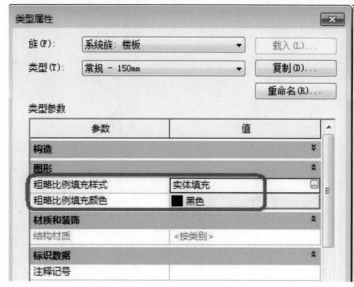

图 7-34　视图名称命名　　　　　　　　　　　　　图 7-35　类型参数设置

（6）高程点标注。选择"注释"→"尺寸标注"→"高程点"→"三角形不透明（项目）"，在选项栏中不选中"引线"复选框，然后将高程点标注放置在需要标注高程的表面上，如图 7-36 所示。

（7）添加排水箭头。选择"注释"→"符号"→"符号"→"符号_散水箭头：排水箭头"，将其放置在相应的室外地坪斜表面上，并修改其实例参数"排水坡度"的值为"3‰"，然后旋转其角度与屋顶坡度一致，如图 7-37 所示。

（8）其他尺寸标注。关于"尺寸标注"的详细介绍可参考前面的尺寸标注。

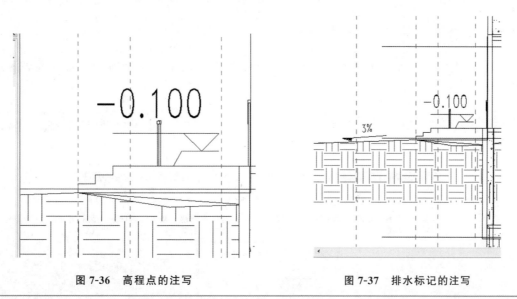

图 7-36　高程点的注写　　　　　　　　　　　　　图 7-37　排水标记的注写

二、分段剖面

（1）绘制一个剖面，或者选择一个现有剖面。

（2）选择"修改｜视图"→"剖面"→"拆分线段"，将光标放在剖面线上并单击，如图7-37所示。

（3）将光标移至要移动的拆分侧，并沿着与视图方向垂直的方向移动光标，如图 7-38 所示。

（4）单击来放置分段。重复操作可以继续在剖面线上分段。

提示：（1）新的分段线上有多个"蓝色控制柄"和"截断控制柄"来调整裁剪区域的大小和剖面线的显示，如图 7-39 所示。

（2）将各线段向其中一条线段移动并形成一条连续线就可以将分段线修改为连续线。

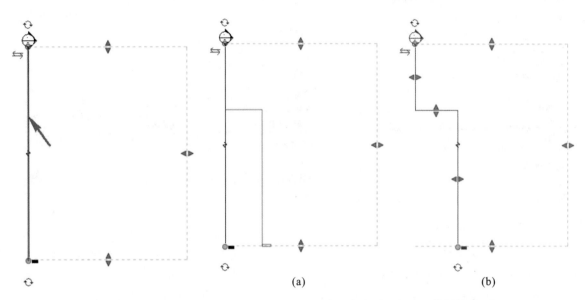

<table>
<tr><td></td><td>(a)</td><td>(b)</td></tr>
</table>

图 7-38 光标移动至拆分侧　　　　图 7-39 "蓝色控制柄"和"截断控制柄"

单元3 立面深化

Revit 可以自动生成建筑立面视图，在此基础上进行尺寸标注、文字注释、编辑外立面轮廓等图元后即可完成立面出图。

一、创建视图

Revit 软件中提供了两种立面创建方式，如图 7-40 所示。

图 7-40 创建立面视图

- 创建立面视图。
- 创建框架立面视图。

添加框架立面时,Revit 会在选定的网格或参照平面上自动设置工作平面和视图范围,裁剪区域也被限制为垂直于选定网格线的相邻网格线之间的区域。

1. 创建立面视图

(1)打开"办公楼别墅.rvt",选择"视图"→"创建"→"立面"→"立面",创建立面视图。

(2)从选项栏中勾选是否需要附着到轴网或参照其他视图,如图 7-41 所示。

图 7-41 立面视图选项栏参数设置

放置立面符号主要有以下三种方式。

● 自由放置:移动光标到要创建立面视图的位置附近,连续按 Tab 键可以自动调整视图方向,在需要的位置单击鼠标左键放置立面符号。

● 附着到轴网:在选项栏中选中"附着到轴网",移动光标到轴线附近出现灰色立面符号预览后,单击放置立面符号。

● 参照其他视图:从"参照其他视图"复选框后面的下拉列表中选择现有的立面视图名称,如图 7-41 所示。按前述方法捕捉轴线,单击放置立面符号创建参照立面。

(3)可连续单击创建其他立面符号,或者按 Esc 键结束命令。在"项目浏览器"中的"立面:建筑立面"或"立面:内部立面"节点下自动创建了立面视图,双击视图名称或立面符号箭头即可打开立面视图。

2. 修改立面视图

(1)斜立面:框选立面符号,选项栏中单击"旋转"命令,将立面符号旋转到一个角度值,立面视图即可自动更新为斜立面。

(2)立面裁剪范围:单击选择黑色立面符号箭头,显示立面裁剪范围框。拖曳左、右蓝色圆点可以调整立面左、右的裁剪宽度,拖曳蓝色双三角可以调整立面裁剪深度。立面裁剪范围将决定立面视图图元的显示情况。

(3)多视图立面符号:单击立面符号的圆,勾选四角上的矩形复选框,即可创建多个立面视图,而无须放置几个立面符号。完成后立面符号如图 7-42 所示,用户可以自行调整每个立面箭头的裁剪范围,如图 7-42 所示。

图 7-42 立面符号编辑

> 提示:按住"旋转"符号移动鼠标也可以旋转立面符号创建斜立面视图,但旋转角度不能精确控制。

二、深化立面视图

1. 立面外轮廓加粗

立面视图的外轮廓需要加粗显示,可以使用"详图线"拾取外轮廓边线创建。具体操作步骤如下。

(1)新建外轮廓的线类型:选择"管理"→"设置"→"其他设置"→"线样式",新建子类别,命名为"立面外轮廓线"，线宽设置为"8"，如图 7-43 所示。

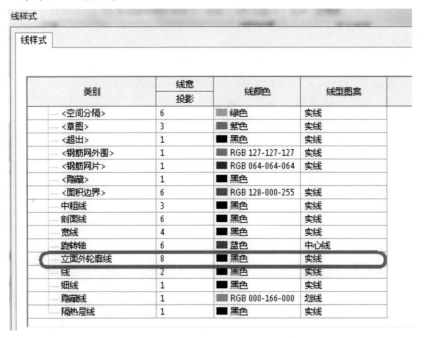

图 7-43　线样式

（2）选择"注释"→"详图"→"详图线"命令，在类型选择器中选择"立面外轮廓线"线样式。

（3）沿着建筑外轮廓线进行绘制，也可以选择"拾取线"命令，移动光标单击拾取立面外轮廓边线创建新的粗线，并运用"修剪"命令，将宽线修剪为封闭轮廓，即完成立面外轮廓加粗。

2. 尺寸标注

参照前述尺寸标注中的绘制方法，进行立面图的尺寸绘制。

3. 材质标注

（1）选择"注释"→"标记"→"材质标记"，如图 7-44 所示。

（2）在"南"立面中选择需要标记的汉白玉、平板陶瓦等构件，进行标注，如图 7-45 所示。

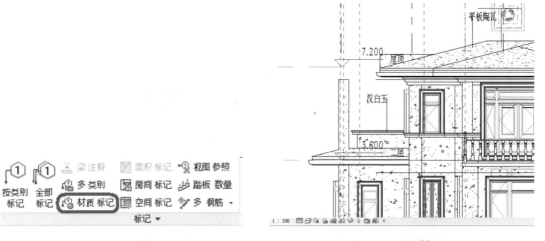

图 7-44　材质标记　　　　　　　　　图 7-45　材质标记

（3）如果材质标注不符合中国出图标准，选择"管理"→"设置"→"材质"，在"材质浏览器"中选择需要修改的材质，如"玻璃"，在"标识"属性栏中对于"说明"进行修改，如图 7-46 所示。当材质说明更新后，立面中的材质注释也同时更新。

图 7-46　材质说明

单元 4　大样图、详图和门窗表的深化

一、大样图和详图 ▼

Revit 软件提供了绘制大样图和详图的两种工具。

（1）大样图：通过截取平面、立面或者剖面视图中的部分区域，进行更精细的绘制，提供更多的细节。选择"视图"→"创建"→"详图索引"→"矩形"/"草图"模式，如图 7-47 所示。选取大样图的截取区域，从而创建新的大样图视图，进行进一步的细化。

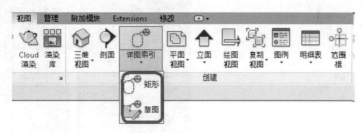

图 7-47　详图索引

（2）详图：与已经绘制的模型无关，在空白的详图视图中运用详图绘制工具进行工作。选择"视图"→"创建"→"绘制视图"，如图 7-48 所示。一个新的详图视图创建完成。

图 7-48　绘图视图

二、楼梯大样图 ▼

1. 创建大样图视图模板

在大样图创建中，由于出图比例、详细程度、图元的显示设置等都具有特殊性，而且同一类大样图的视图设置基本是统一的，因此非常建议在绘制大样图之前，先预设大样图视图模板，以便于统一的管理，如图 7-49 所示。

2. 绘制大样图

（1）切换到"一层-施工图标注"平面视图，选择"视图"→"创建"→"详图索引"→"矩形"，在核心筒楼梯位置进行框选，调整一下详图索引标记的位置，在"项目浏览器"中新建了"详图索引 1-施工图标注"视图。

（2）在"项目浏览器"中，右击新创建的视图，将"详图索引 1-施工图标注"重命名为"楼梯大样图"。

（3）在大样图视图的"属性"面板中将"视图样板"设置为"楼梯_平面大样"，如图 7-50 所示。

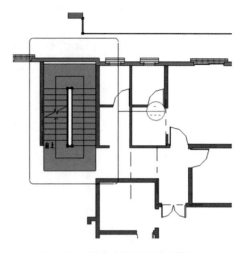

图 7-49　创建大样图视图模板

（4）在绘图区域内标注尺寸。

（5）由于绘制的是多个楼层的楼梯平面大样图，在进行标高标注的时候，需要自定义，如图 7-51 所示。因此，需要创建一个新的标高族，其中标高的注释文字可以自定义，而无须自动读取楼层标高信息。在图中所使用的这个标高族其实是一个常规注释族，从"项目浏览器"→"族"→"注释符号"中找到已经加载的"标高_卫生间"，将它加载进入楼梯大样图。可以发现它和一般的标高族不同，它可以被加载在任何位置，同时标高信息可以手动输入。

图 7-50　设置"视图样板"

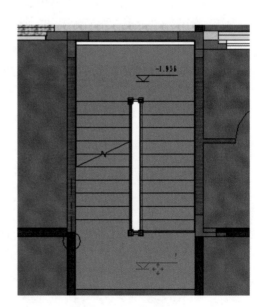

图 7-51　楼梯平面大样

（6）添加文字注释。

（7）添加门标记，最终完成大样图的创建。

单元5　门窗明细表

一、明细表基本概念

1. 基本定义

明细表是通过表格的方式来展现模型图元的参数信息，对于项目的任何修改，明细表都将自动更新来反映这些修改，同时还可以将明细表添加到图纸中。

选择"视图"→"创建"→"明细表"下拉菜单，可以看到所有明细表类型，具体如下。

（1）明细表/数量：针对"建筑构件"按类别创建的明细表，如门、窗、幕墙嵌板、墙等的明细表，可以列出项目中所有用到的门窗的个数、类型等常用信息，如图 7-52 所示。

				〈门明细表〉		
	A	B	C	D	E	F
	标高	族与类型	宽度	高度	防火等级	合计
	负一层	单嵌板木门 1:	1000	2400	甲级	1
	负一层	双面嵌板木门	1300	2400		1
	负一层	单嵌板木门 1:	1000	2400		1
	负一层	双面嵌板木门	1300	2400		1
	负一层	单嵌板木门 1:	1000	2400		1
	负一层	双面嵌板木门	1300	2400		1
	负一层	双面嵌板木门	1300	2400		1
	负一层	单嵌板木门 1:	700	2100		1
	一层	JLM5528: JLM5	5500	2800		1
	一层	门套-C1828: 门	1800	2800		1
	一层	门套-MLC2628:	2600	2800		1
	一层	双扇推拉门 6 -	1600	2800		1
	一层	门套-M1628: 门	1600	2800		1
	一层	单嵌板木门 1:	1000	2400		1
	一层	双面嵌板木门	1300	2400		1
	一层	单嵌板木门 1:	900	2400		1
	一层	双面嵌板木门	1300	2600		1
	一层	单嵌板木门 1:	1000	2400		1
	一层	单嵌板木门 1:	1000	2400		1
	一层	单嵌板木门 1:	900	2400		1
	一层	单嵌板木门 1:	900	2400		1
	一层	单嵌板木门 1:	900	2400		1
	一层	门套-MLC2628:	2600	2800		1
	二层	双面嵌板镶玻	1600	2600		1
	二层	双扇推拉门 6 -	1600	2600		1
	二层	单嵌板木门 1:	900	2400		1
	二层	单嵌板木门 1:	700	2100		1
	二层	双面嵌板木门	1400	2800		1
	二层	双面嵌板木门	1300	2600		1

图 7-52　门明细表截图

（2）材质明细表：除了具有"明细表/数量"的所有功能之外，还能够针对建筑构件的子构件的材质进行统计。例如：可以列出所有用到"砖"这类材质的墙体，并且统计其面积，用于施工成本计算，如图 7-53 所示。

（3）图纸列表：列出项目中所有的图纸信息。

（4）视图列表：列出项目中所有的视图信息。

（5）注释图块：列出项目中所使用的注释、符号等信息。例如：列出项目中所有选用标准图集的详图，如图 7-54 所示。

<墙材质提取>			
A	B	C	D
材质：名称	材质：面积	族	结构用途
地下室楼板-混凝	51.35	基本墙	非承重
地下室楼板-混凝	26.73	基本墙	非承重
地下室楼板-混凝	2.57	基本墙	非承重
地下室楼板-混凝	20.77	基本墙	非承重
地下室楼板-混凝	13.49	基本墙	非承重
地下室楼板-混凝	31.14	基本墙	非承重
地下室楼板-混凝	6.51	基本墙	非承重
地下室楼板-混凝	37.16	基本墙	非承重
地下室楼板-混凝	13.09	基本墙	非承重
地下室楼板-混凝	16.97	基本墙	非承重
地下室楼板-混凝	46.27	基本墙	非承重
地下室楼板-混凝	35.89	基本墙	非承重
地下室楼板-混凝	7.18	基本墙	非承重
地下室楼板-混凝	57.20	基本墙	非承重
地下室楼板-混凝	8.70	基本墙	非承重
地下室楼板-混凝	35.57	基本墙	非承重
地下室楼板-混凝	2.61	基本墙	非承重
地下室楼板-混凝	8.01	基本墙	非承重
地下室楼板-混凝	9.35	基本墙	非承重
地下室楼板-混凝	8.88	基本墙	非承重
地下室楼板-混凝	8.27	基本墙	非承重
别墅-砌体 - 普通	8.68	基本墙	非承重
别墅-砌体 - 普通	39.14	基本墙	非承重
别墅-砌体 - 普通	4.62	基本墙	非承重
别墅-砌体 - 普通	76.83	基本墙	非承重
别墅-砌体 - 普通	5.07	基本墙	非承重
别墅-砌体 - 普通	12.77	基本墙	非承重
别墅-砌体 - 普通	8.58	基本墙	非承重
别墅-砌体 - 普通	11.51	基本墙	非承重

图 7-53　材质明细表

<参照中国标准图集的详图>					
A	B	C	D	E	F
参照	类型	A	G1	合计	名称
02J301	标准	1	30	1	止水带
02J502	标准	2	25	1	截水沟做法详

图 7-54　注释图块

2. 明细表提取的数据来源

明细表可以提取的参数主要有：项目参数、共享参数、族系统定义的参数。其中，特别要注意的是，在创建“可载入族”的时候，用户自定义的参数不能在明细表中被读取，必须以共享参数的形式创建，才能在明细表中被读取。

二、明细表创建的基本流程

（1）选择明细表的类别，选择“视图”→“创建”→“明细表”→“明细表/数量”，在“新建明细表”对话框中，按图 7-55 所示进行设置。其中，在“过滤器列表”中选择“建筑”，在“类别(C)”栏中选择“门”，在“名称(N)”文本框中修改明细表名称为“门明细表”，单击“确定”按钮，如图 7-55 所示。

（2）在“明细表属性”对话框的“字段”选项卡中，从“可用的字段(V)”栏选择需要添加的参数至“明细表字段(按顺序排列)(S)”栏中，同时可以通过“上移(U)”和“下移(D)”按钮对字段进行前后排列，如图 7-56 所示。

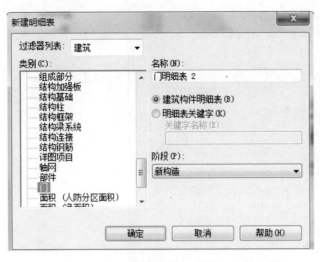

图 7-55 新建门明细表

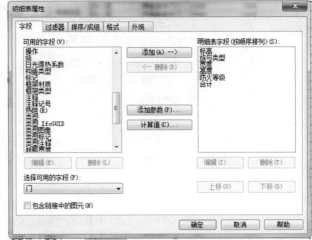

图 7-56 明细表属性

（3）对"明细表属性"对话框中"过滤器"选项卡中参数按照图 7-57 所示进行设置。其中，"过滤条件（F）"选择"标高 等于 负一层"。

图 7-57 "过滤器"选项卡

（4）在"明细表属性"对话框中"排列/成组"选项卡中参数按照图 7-58 所示进行设置，将所有的门按照其名称进行排列，同时显示门的总数。

（5）在"明细表属性"对话框中"格式"选项卡中，在"字段（F）"栏中选择"高度"，单击"条件格式（N）…"按钮，设置凡是高度等于 2100 mm 的都在明细表中标为红色，如图 7-59 所示。

（6）在"明细表属性"对话框中"外观"选项卡中，采用系统默认设置，最后单击"明细表属性"对话框中的"确认"按钮，完成门明细表的编制，如图 7-60 所示。

单元6 创建图纸

○ ○ ○

一、图纸基本概念

创建项目样板时，可以在样板中包含图纸。从一个空白项目文件开始，创建每个项目都应包含的标准视图和标高。保留这些视图为空，但为它们指定标准名称。要创建施工图文档的标准集，应使用所需的标题栏创建图纸。使用所需的视口样板和视图标题类型，在图纸中添加视图。然后将空项目另存为一个项目样板。

使用该项目样板创建项目时，在"项目浏览器"中已创建并列出了所有的视图和图纸。开始在项目视图中绘制建筑模型时，图纸上的视图会自动更新。此技术简化了项目文档的处理过程并保持了组织标准。

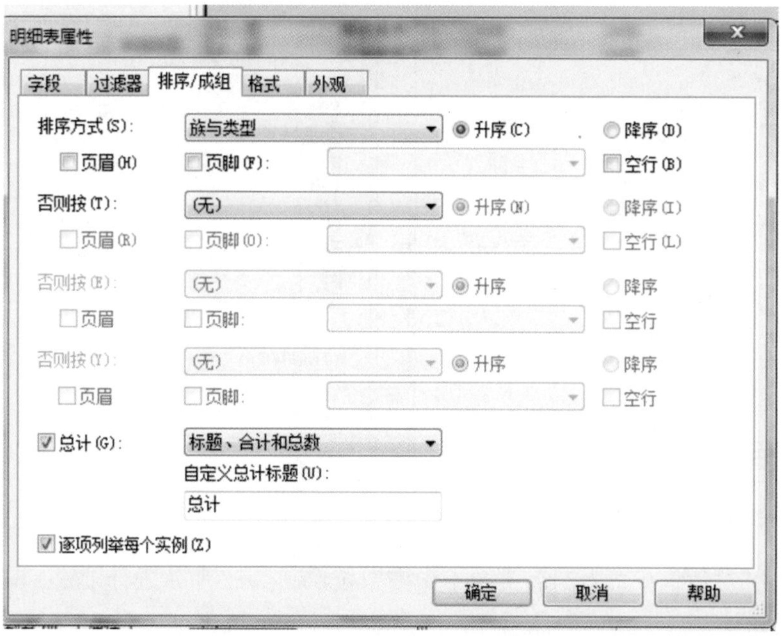

图 7-58　"排序/成组"选项卡

图 7-59　明细表属性

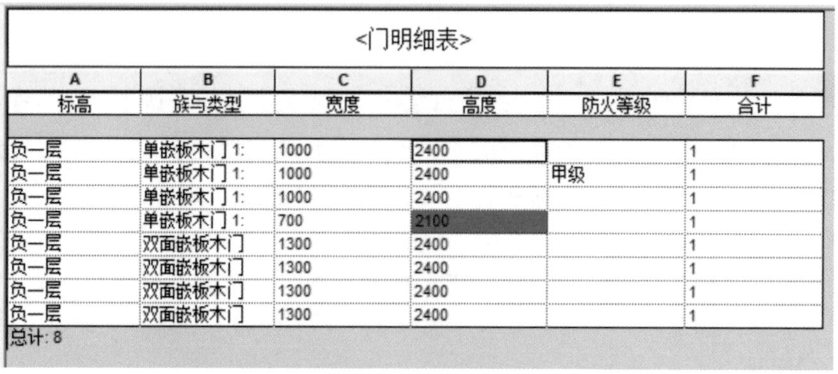

			<门明细表>			
A	B	C	D	E	F
标高	族与类型	宽度	高度	防火等级	合计
负一层	单嵌板木门 1:	1000	2400		1
负一层	单嵌板木门 1:	1000	2400	甲级	1
负一层	单嵌板木门 1:	1000	2400		1
负一层	单嵌板木门 1:	700	2100		1
负一层	双面嵌板木门	1300	2400		1
负一层	双面嵌板木门	1300	2400		1
负一层	双面嵌板木门	1300	2400		1
负一层	双面嵌板木门	1300	2400		1
总计: 8					

图 7-60　门明细表

二、添加图纸的流程

（1）选择"视图"→"图纸组合"→"图纸" 。

（2）选择标题栏，具体操作如下。

① 在"新建图纸"对话框中，从列表中选择一个标题栏。如果该列表不显示所需的标题栏，应单击"载入"按钮。在"Library"文件夹中，打开"标题栏"文件夹，或定位到该标题栏所在的文件夹。选择要载入的标题栏，然后单击"打开"按钮。选择"无"将创建不带标题栏的图纸。

② 单击"确定"按钮。

（3）在图纸的标题栏中输入信息。

标题栏通常会显示有关项目的信息以及有关各个图纸的信息。应按图 7-61 所示指定要在项目的图纸标题栏中显示的信息。

（4）将视图添加到图纸中。

可以在图纸中添加建筑的一个或多个视图，包括楼层平面视图、场地平面视图以及天花板平面视图、立面视图、三维视图、剖面视图、详图视图、绘图视图和渲染视图等。每个视图仅可以放置于一张图纸上。要在项目的多个图纸中添加特定视图，应创建视图副本，并将每个视图放置到不同的图纸上，具体操作步骤如下。

图 7-61　图纸标题栏

注意：还可以将图例和明细表放置到图纸上。

① 打开图纸。

② 将视图添加到图纸中，可以使用如下方法。

■ 在项目浏览器中，展开视图列表，找到该视图，然后将其拖曳到图纸上。

■ 选择"视图"→"图纸组合"→"放置视图" 。在"视图"对话框中选择一个视图，然后单击"在图纸中添加视图"按钮。

③ 在绘图区域的图纸上移动光标时，所选视图的视口会随其一起移动，单击，将视口放置在所需的位置上。使用轴网向导可以在图纸上完成精确放置。

④ 如果需要，重复步骤②和步骤③以在图纸中添加更多视图。

⑤ 如果需要，可以修改图纸上的各个视图，具体操作如下。

■ 修改图纸上显示的视图标题，可双击该标题，然后对其进行编辑。

■ 将视图移到图纸上的某个新位置，应选择其视口，然后对其进行拖曳。可以将视图与轴网线对齐以方便精确放置。

（5）修改 Revit 软件已指定给该图纸的默认编号和名称。

图纸属性设置如图 7-62 所示。

单元 7　表现和分析

为了更好地展示建筑师的创意和设计成果，Revit 软件还提供了漫游（动画）、渲染、能量分析和日照分析等功能，如图 7-63 所示。

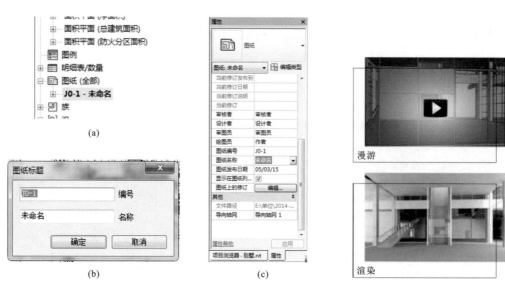

图 7-62　图纸属性　　　　　　　　　　　图 7-63　漫游和渲染

一、漫游

Revit 软件提供了漫游功能，漫游是指沿着自定义路径移动的相机，该功能可以用于创建模型的三维漫游动画，并保存为 avi 格式的视频或者图片文件。其中，漫游的每一帧都可以保存为单独的文件。

1. 漫游功能流程

（1）创建漫游路径。

（2）编辑漫游路径。

（3）编辑漫游帧。

（4）控制漫游播放。

（5）导出漫游。

2. 漫游功能详述

选择"视图"→"三维视图"→"漫游"，即可激活漫游工具，如图 7-64 所示。

图 7-64　激活漫游工具

1）创建漫游路径

激活漫游工具后，会进入"修改｜漫游"选项卡，提示先创建漫游路径，如图 7-65 所示。除了工具栏中常见的二维绘制工具和修改工具以外，应当注意选项栏中的几项属性的定义，具体介绍如下。

（1）透视图：在选项栏选中"透视图"复选框即生成透视的漫游；不选中"透视图"复选框即可生成三维正交漫游。

（2）偏移量：通常情况下，是在平面图中创建漫游路径，此时偏移量即为相机相对于此平面的高度。例如，图 7-65 所示"偏移量"文本框中 1750 表示 1.75 m 的高度，相当于一个成年男子的身高。如果将偏移值调高，可

以生成在空中盘旋俯瞰的效果。

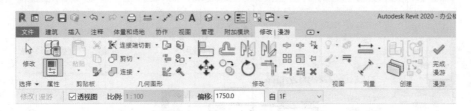

图 7-65　漫游的属性

（3）"自"：指相机基于哪个楼层偏移，图 7-65 中所指的是基于一层平面。通过调整"自"后面的楼层，可以实现相机"上楼""下楼"的效果。

若要完成先围绕建筑周围盘旋，再进入建筑内部的效果，可以先基于 0F 楼层平面绘制如图 7-66 所示的路径。图中，三角形表示相机的拍摄范围和景深，红色点表示关键帧。

在各个关键帧，可以调节相机的方向和位置。故而在图 7-66 中，第一个关键帧到倒数第三个关键帧都可以设置为自"0F"偏移值"3500"，但最后两个关键帧应设置为自"1F"偏移值"1750"。

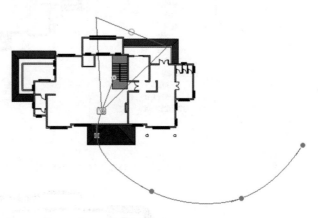

图 7-66　漫游路径的设置

2）修改漫游路径

创建完漫游路径以后，在"项目浏览器"的三维视图下面，可以找到新创建的漫游视图。双击打开此漫游视图，并点击视图框，再单击工具栏最右侧的"编辑漫游"按钮，可以对此漫游进行进一步编辑，如图 7-67 所示。

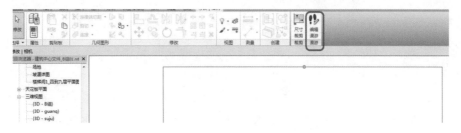

图 7-67　编辑漫游（1）

选择"编辑漫游"→"重设相机"，如图 7-68 所示。

图 7-68　重设相机

在激活的"修改｜相机"选项栏中，可以通过下拉菜单，选择修改相机、路径或关键帧，如图 7-69 所示。在选项栏"控制"下拉菜单中选择"活动相机"，选项栏右侧显示整个漫游路径共有 300 帧，可以通过输入帧数选择要修改的活动相机，如输入"185"，如图 7-69 所示，相机符号退到了第 185 帧的位置。可以通过推拉相机的三角形前端的控制点，编辑相机的拍摄范围。如此反复操作，可以修改所有想要修改的活动相机。

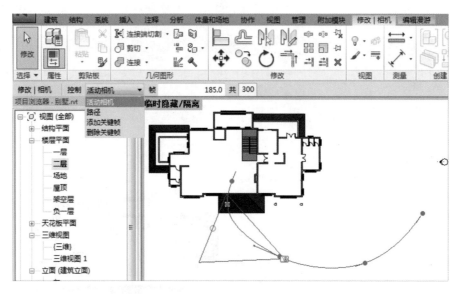

图 7-69　编辑漫游（2）

在选项栏的"控制"下拉菜单中选择"路径"，则可以通过拖曳关键帧的位置，修改漫游路径，如图 7-70 所示。

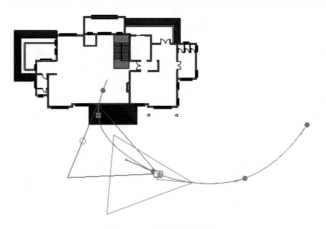

图 7-70　编辑漫游（3）

在选项栏的"控制"下拉菜单中选择"添加关键帧"，则可以沿着现有路径，添加新的关键帧，如图 7-71 所示。新的关键帧可以用于对路径的进一步修改。同理，可以选择"删除关键帧"，删除已有的某个或多个关键帧。

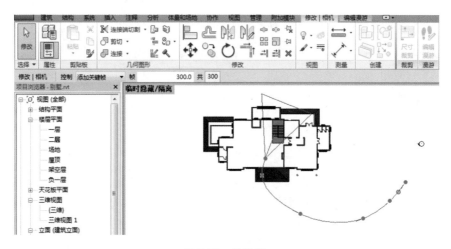

图 7-71　关键帧

注意:"添加关键帧"不可以用于延长路径,所以现有路径以外不可以"添加关键帧"。

3)修改漫游帧

在"修改丨相机"选项栏中,单击最右侧按钮"300",弹出"漫游帧"对话框。在该对话框中可以修改漫游的"总帧数(T)"和漫游速度。如果选中"匀速(U)"复选框,则只能通过"帧/秒(F)"文本框来设定平均速度。如果不选中"匀速",则可以控制每个关键帧的速度。可以通过设置"加速器"列来为关键帧设定速度,此数值有效范围为 0.1~10。

为了更好地掌握沿着路径的相机位置,可以通过选中"指示器(D)"复选框,并通过设定"帧增量(I)"文本框中的值来设定相机指示符。如图 7-72 所示,"帧增量"为 5,则相机指示符显示如图 7-73 所示。如果希望减少相机指示符的密度,可将"帧增量"设置得更大一些。

图 7-72 漫游帧的设置

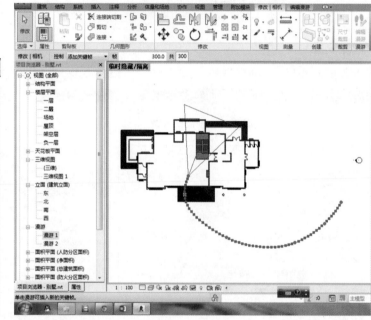

图 7-73 帧增量修改

4)控制漫游播放

由于在平面中编辑漫游不够直观,在编辑漫游时,需要通过播放漫游来审核漫游的效果,再切换到路径和相机中去进一步编辑。在"编辑漫游"选项卡中,可以通过"播放"按钮播放整个漫游效果,或者通过"上一关键帧"、"下一关键帧"、"上一帧"和"下一帧"等按钮,切换播放的起始位置,如图 7-74 所示。

5)导出漫游

漫游编辑完毕以后,就可以选择将其导出成视频文件或图片文件了。选择"应用程序菜单"→"导出"→"图像和动画"→"漫游",如图 7-75 所示,打开"长度/格式"对话框,如图 7-76 所示。在"长度/格式"对话框中,可以通过是否选中"全部帧"单选框来导出全部帧或部分帧。若为后者,则在"帧范围"内设定起点帧数、终点帧数、速度和时长。在"格式"选项组中,可以设定"视觉样式"和输出尺寸,以及是否"包含时间和日期戳",如图 7-76 所示。全都设置完毕后,单击"确定(O)"按钮,打开"导出漫游"对话框,如图 7-77 所示。

在"导出漫游"对话框中,可以在文件类型下拉菜单中选择导出的格式,可以为 AVI 视频格式,或者 JPEG、TIFF、BMP 等图片文件格式。

图 7-74 漫游的播放

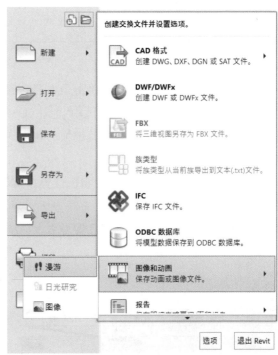

图 7-75 导出漫游

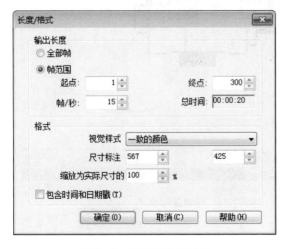

图 7-76 漫游导出的设置

图 7-77 导出格式

二、渲染

Revit 软件集成了第三方的 AccuRender 渲染引擎，可以将项目的三维视图使用各种效果创建出照片级真实感的图像。目前，Revit 2014 提供两种渲染方式：本地渲染和云渲染。

对于云渲染，可以使用 Autodesk 360，访问多个版本的渲染，将图像渲染为全景，更改渲染质量，为渲染的场景应用背景环境等。

相比本地渲染，云渲染的优势在于对计算机硬件要求不高，只要能打开 Revit 软件的电脑并联上网就可以进行渲染。并且，只要顺利完成模型的上传，就可以继续工作，渲染工作都在"云"上完成，一般十几分钟后就可以看到渲染结果。在渲染的过程中，也可以随时在网站上调整设置，重新渲染。

本地渲染的优势在于其自定义的渲染选项更多，渲染尺度更大，而云渲染相对较少，且目前只支持最大2000 dpi。

1. 本地渲染流程

(1) 创建三维视图。

(2)（可选）指定材质的渲染外观，并将材质应用到模型中。

(3) 定义照明。

(4) 渲染设置。

(5) 开始渲染并保存图像。

2. 本地渲染功能详述

选择"视图"→"三维视图"→"默认三维视图"，调整模型到合适渲染的视图。选择"视图"→"渲染"，打开"渲染"对话框，默认设置如图 7-78 所示。下面详细介绍一下"渲染"功能。

3. 定义渲染区域

选中"区域(E)"复选框，在三维视图中，Revit 软件会显示红色的渲染区域边界。选择该区域，可以拉动蓝色夹点来调整其尺寸，如图 7-79 所示。

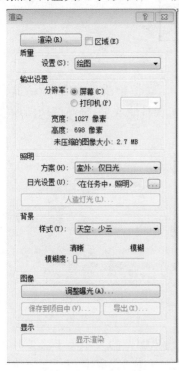

图 7-78　渲染对话框

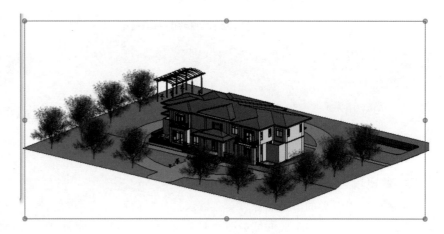

图 7-79　定义渲染区域

提示：(1) 如果不选择"区域"，则默认三维视图为渲染视图。

(2) 如果视图中使用了某个裁剪区域，则渲染区域必须位于该裁剪区域边界内。

(3) 对于正交视图，也可以拖曳渲染区域使之在视图中移动位置。

4. 指定渲染质量

默认设置为"绘图"的渲染的速度是最快的，通过它可以快速地获得一个大概的渲染效果，以便于进一步调整。其他选项的渲染速度由快变慢，渲染质量由低变高，如图 7-80 所示。

"编辑…"项用于渲染质量的自定义设置。选择"编辑…"，打开"渲染质量设置"对话框。可在"设置"下拉菜单中选择"自定义（视图专用）"来渲染图像的质

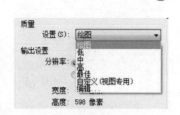

图 7-80　质量的设置

量,如图 7-81 所示。

图 7-81　渲染质量设置

如果需要渲染室内效果,就需要让室外的阳光进入室内,建议打开采光口。在"渲染质量设置"对话框中选择"门"、"窗"、"幕墙"作为采光口,如图 7-82 所示。它可以在渲染过程中自动实现日照效果,提高渲染图像的质量,但同时也会大大增加渲染时间。

图 7-82　采光口的选择

5. 输出设置

如果仅用于查看的渲染图像可直接默认选择"屏幕(C)"单选框,则渲染后输出图像的大小等于渲染时在屏幕上显示的大小。如果生成的渲染图像需要打印,可选择"打印机(P)"复选框。"宽度"、"高度"和"未压缩的图像大小"会根据设置自动计算出渲染图像的尺寸和文件量,如图 7-83 所示。图像尺寸、分辨率或精确度的值越大,生成渲染图像所需的时间就越长。

提示:选择"打印机"时,需要指定在打印图像时使用的 dpi。dpi 是指"每英寸点数"。如果该项目采用公制单位,则 Revit 软件会先将公制值转换为英寸,再显示 dpi 或像素尺寸。

6. 照明方案设置

在"照明"选项组中选择所需要的设置作为"方案(H)"。如果方案中选择了"日光",就需要设置"日光设置(U)",选择所需的日光位置,在此不再赘述。

在"方案(H)"中选择"室外:日光和人造光","人造灯光(L)…"才有效,并可单击"人造灯光(L)…"按钮控制渲染图像中的人造灯光,可以创建灯光组并将照明设备添加到灯光组中,也可以暗显,或打开或关闭灯光组/各个照明设备,如图 7-84 所示。

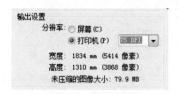

图 7-83 输出设置

图 7-84 照明设置

指定颜色。在"样式(Y)"中选择"颜色",单击颜色样例,在打开的"颜色"对话框中指定背景颜色,如图 7-85 所示。

自定义背景图像。在"样式(Y)"中选择"图像",如图 7-86 所示。单击"自定义图像…",在打开的"背景图像"对话框中指定图片地址、比例和缩移量,如图 7-86 所示。

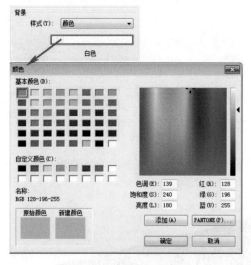

图 7-85 背景颜色的选择

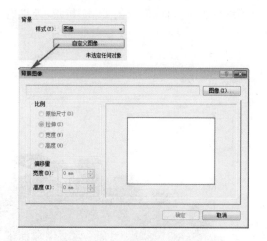

图 7-86 背景自定义图像

7. 渲染图像显示与保存

在"图像"选项组中单击"调整曝光(A)…"按钮,如图 7-87 所示。在打开的"曝光控制"对话框中,可以设置图像的曝光值、亮度、中间色调、阴影、白点和饱和度等,如图 7-87 所示。对于渲染图像太亮、太暗等问题都可以在"曝光控制"中调整,而无须重新渲染。

图 7-87 曝光控制

提示：这些渲染设置与特定的视图相关，它们是作为视图属性的一部分保存的。如果需要将这些设置运用于其他三维视图，应使用视图样板。

　　在"图像"选项组中单击"保存到项目中（V）…"和"导出（X）…"，可以很方便地将渲染的图像文件保存到项目或导出为.jpg、.bmp、.png、.tif 格式的图片。在指定文件名后，渲染图像将显示在"项目浏览器"的"视图（全部）"的"渲染"下。

　　在"显示"选项组中，可选择"显示模型"或"显示渲染"，如图 7-87（a）所示。

8．开始渲染

　　设置完成后，选择"渲染"→"渲染"，开始渲染并弹出"渲染"进度条，显示渲染进度，如图7-88所示。可随时单击"渲染进度"中的"取消"按钮或按 Esc 键结束正在进行的渲染。

　　办公楼别墅相关文件（涉及的 CAD 和族）详见网址 http://www.letbim.com/book/Revit Architecture 项目实例教程。

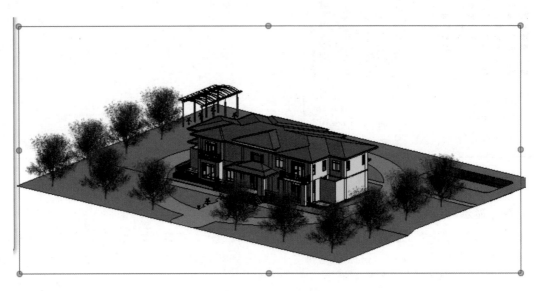

图 7-88　渲染后的图片